U0159210

妖存在吗？它是智慧生命吗？

挑战热力学第二定律，挑战熵增！

经典随机指随机事件的集合可以形成一个可预测的分布，如我们所熟知的投骰子、扔硬币、彩票抽奖，但混沌随机却往往会出乎我们的预测和假设。

在混沌中，事件不会出现有序的分布，混沌随机的结果可能让人大吃一惊。从某种意义上说，混沌随机比经典随机更“随机”，比如为什么《哈利·波特》会成为畅销书？

虽然随机性难以捉摸，但它并不可怕，数学家、物理学家们，诸如牛顿、伯努利、贝叶斯、爱因斯坦、马克斯·玻恩、尼尔斯·玻尔等人，对于寻找并归纳这个世界的规律做了大量行之有效的工作。

现在运用牛顿定律，我们可以将飞船发射到月球之上、预测遥远星星的运动，而量子物理学更是极速地推进了我们对微观世界的理解，使生物学、化学研究获得了爆发式发展。

因此，对不可知未来的预测即为科学的历程。而随机性或者说混沌是这个世界的根本动力，它的存在为人类自由意志的发展留下了足够的空间。

科学可以这样看

Dice World

骰子世界

随机宇宙中的科学与生命

〔英〕布莱恩·克莱格（Brian Clegg）著
杨桓　孙敬柏　译

跟随牛顿、伯努利、高斯的脚步
了解日常生活和量子物理学中的随机性、混沌和统计学

重庆出版集团　重庆出版社

图书在版编目(CIP)数据

骰子世界 / (英) 布莱恩·克莱格著 ; 杨桓, 孙敬柏译. —重庆:重庆出版社,2024.7
ISBN 978-7-229-18630-2

Ⅰ.①骰… Ⅱ.①布… ②杨… ③孙… Ⅲ.①数学—普及读物 Ⅳ.①O1-49

中国国家版本馆CIP数据核字(2024)第084319号

骰子世界
TOUZI SHIJIE
〔英〕布莱恩·克莱格(Brian Clegg) 著
杨桓　孙敬柏 译

责任编辑:苏　丰
责任校对:李小君
封面设计:博引传媒 · 邱江

重庆出版集团
重庆出版社　出版
重庆市南岸区南滨路162号1幢　邮政编码:400061　http://www.cqph.com
重庆市国丰印务有限责任公司印刷
重庆出版集团图书发行有限公司发行
全国新华书店经销

开本:710mm×1000mm　1/16　印张:12　字数:150千
2024年7月第1版　2024年7月第1次印刷
ISBN 978-7-229-18630-2
定价:49.80元

如有印装质量问题,请向本集团图书发行有限公司调换:023-61520678

Advance Praise for *Dice World*
权威评价

条理清晰、有趣，而且有点令人难以置信……

——《爱尔兰时报》(*Irish Times*)

克莱格的文章可读性很强，给当代学者留下了深刻印象……这是一本易读的科普书。

——《化学世界》(*Chemistry World*)

献给

吉里安、蕾贝卡和切尔西

致谢

特别感谢基思·拉普利（Keith Rapley）与已故的约翰·卡尼（John Carney），两位都是我在研究运筹学时的导师。运筹学被认为是将概率学与统计学运用到实际问题中的终极学科。

非常感谢各位为我完成这本书所提供的帮助，尤其是邓肯·希思（Duncan Heath）——图标书局（Basic Books）的编辑。同时，还要感谢以下各位的付出：安德鲁·弗尔洛（Andrew Furlow）、皮特·莫里斯博士（Dr. Peet Morris）、登尼·桑德斯（Denni Saunders）、M. G. 哈里斯博士（Dr. M. G. Harris）、凯西·墨菲（Cathy Murphy）、佩里·里斯（Perry Rees）、凯瑟琳·凯利（Katherine Kelly）、保罗·塔克（Paul Tuck）、阿曼达·利弗（Amanda Lever）、爱德华·柯普（Edward Cope）、海伦·维特尼（Helen Witney）、亨利·吉博士（Dr. Henry Gee）、马茨·安德森（Mats Anderson）、利兹·沃里克（Liz Warrick）、斯泰西·克罗夫特（Stacey Croft）、德士尼·哈灵顿（Desney Harrington）、凯西·皮考克（Kathy Peacock）、莎拉·穆西（Sarah Mussi）、迈特·布朗（Matt Brown）、尤安·艾迪（Euan Adie）、伊森·弗里德曼（Ethan Friedman）、琳·普莱斯（Lynn Price）、艾米·柯普（Amy Cope）、克里斯·里夫斯（Chris Reeves）、迪安·伦德尔（Diane Rendell）、苏·布劳顿（Sue Broughton）、马克·劳埃德（Mark Lloyd）、戴维·豪金斯（David Howkins）、史蒂芬·高顿（Stephen Godden）、哈里特·敦巴儿-莫里斯博士（Dr. Harriet Dunbar-Morris）、奥丽安娜·莫里逊-克拉克（Oriana Morrison-Clarke）、斯图瓦特·迪森（Stewart Desson）以及亨利·洛德（Henry Lord）。

目录

前言　木已成舟

撰写《骰子世界》之前，我读了作家纳西姆·尼古拉斯·塔勒布（Nassim Nicholas Taleb）的《黑天鹅》（*The Black Swan*）。它不是我的研究资料，而是减轻工作压力的睡前读物。这是一部经典的作品，但我鲜有时间系统化阅读——我甚至未注意到它讲的是概率问题。当时，我正计划为自己的书稿取名《骰子世界》，而塔勒布对骰子代表随机性的文化参照的抨击令我震惊。他将此称作“戏局谬误”（ludic fallacy）——他认为，骰子呈现的是游戏中虚假的、被操控的、可预测的随机性，而非生活中真实的、不可控的随机性。

为了作进一步的阐述，塔勒布为读者讲述了两个人参与一个经典游戏的故事，它通常能直观地反映人们在理解概率问题时表现出的困惑。我们想象一下，抛掷一枚公平硬币，正反面朝上的概率均是50%。通常，我们会期望硬币落地时，一半次数为正面朝上，一半次数为反面朝上。如果我们连续抛掷硬币99次，每次都是正面朝上，那么下一次抛掷依然正面朝上的概率是多少？

在塔勒布的故事中，第一个人是会计师，他想到了标准的“正确”答案——任何了解概率基础的人都能给出这样的答案。在第100次抛掷硬币时，正面朝上的概率依然是50%，因为硬币没有记忆。而“因为此前已多次出现正面朝上的结果，故此次出现反面朝上的概率更大”，这样的观点则是“赌徒谬误”（the gambler’s fallacy）。事实上，第100次抛掷与之前的抛掷没有任何联系，正面朝上的概率依然是50%。

故事中的第二个人是城市商人，他认为这样的统计观点在生活中毫无意义。他并未选择赌徒谬误——第100次出现反向朝上的概率更大。他不愿落入陷阱。事实上，这个商人会告诉你，硬币有较大概率再次正面朝上，并且他很可能是正确的。为什么？因为在现实世界，如果连续抛掷99次硬币都得到正面朝上的结果，操作者很可能有说谎的行为。现实世界并非一场公平、容易计算、没有外界干扰的游戏。现实世界存在作弊现象。

这是我们对现实世界的真实观察，但我认为塔勒布就骰子的随机性的研究有一些疏忽——骰子仅具有象征意义，它并非现实世界经验的计算机模型。爱因斯坦早在20世纪就以骰子作过比喻，来说明大自然不屑于理会人类的事务和欲望。爱因斯坦用“上帝不掷骰子”表达了他对量子理论的愤懑，因为量子理论认为表面上可以预测的现实世界，事实上建立在不可预测的概率之上。量子理论从未打算对不同类型的概率和随机性作详细分析，而仅是大致说明了有些事情是我们无法控制的。事实也的确如此。

本章标题“木已成舟（alea jacta est）”[①]是尤里乌斯·凯撒在渡过卢比孔河时所说的，意为“此时已无回头路”。这句话表达了抛掷骰子的强大图景，深入人心，因此否认骰子的象征意义似乎是不合理的。

象征并不旨在成为现实，但骰子所扮演之角色及其游戏机制确能帮助我们理解概率的含义，并进一步了解现实世界的全貌。否认这些机制的象征意义就像对“注意落石”交通标志上只有寥寥无几的石头提出抱怨，现实情况中也许有很多石头落下。象征不代表现实，因此本书自豪地保留了《骰子世界》这一书名。

倘若你与我年纪相仿，《骰子世界》也许能让你想起另一本我读大学时的畅销书——卢克·莱恩哈特（Luke Rhinehart）的《骰子人生》（*The Dice Man*）。该书讲述了一位不如意的心理学家欲以掷骰子来决定自己的人生，把每个决定都交给骰子来选择。这令我感到悲伤与压抑：

---

① 译注：字面意思是“骰子已经掷出”。

我们应该重视生活中的随机性，这非常重要，却并不意味着要将所有的理性选择寄托于一个随机数生成器。

《骰子世界》并不为“骰子人生”提供庇护。我们大多数人不会通过骰子决定人生。不过，无论你是否喜欢，掷骰子是随机性的有效象征。我们会发现，随机性正是宇宙最根本的生命力。

欢迎来到《骰子世界》。

1 荒谬世界

我们的世界是复杂和混乱的，我们精心构建的环境还在不断增加其复杂性——如打开电灯，一个简单的动作，一个大多数人每天都会做的动作。显然，这不是我们基因的本能。十万余年前，一些动物祖先离开森林，前往非洲大草原生存。人类的进化与它们并无二致。今天，我们大部分时间从事的活动超越了狭义的进化。这些活动和经验皆为我们近来所学，我们的生活已脱离了自然。

十万年前，没有电灯，没有开关；今天，有了电灯，有了开关。显然，我们一定经历了学习开灯的过程。对大多数人而言，这是件稀松平常、轻而易举的事——我们拨一下开关，灯便亮起，无需思索，不费吹灰之力。

不过，换一个场景，想象一下从零开始给机器人编写卧室开灯的程序——首先，需要编写开关的位置（包括墙的位置、开关在哪面墙上、开关在墙上的高度）以及机器人与墙的距离；其次，需要让机器人记忆不同角度下开关的外观，机器人才能根据其外观找到开关；最后，需要编写开关按压角度和力度的大小（避免机器人损坏开关的尴尬）以及何时停止按压。

显然，这不是一件小事，完成它并不容易。如果将机器人移到走廊上再命令其完成此任务，则需要将此前的程序推翻，从头开始。如果客厅的墙上安装有与卧室功能一样的开关，但开关外观和开关在墙上的高度与卧室不同，在未重新编程的情况下，机器人执行此任务时便很可能会在墙上砸出一个大窟窿。

作为人类，我们无需针对各种不同的电灯开关分别编程。因为，我们会用“图式”来解决问题。我们无需逐个了解不同的开关，而是在脑海中储存一种普适的图式，确定它就是我们打开电灯的方式。图式能让我们识别各种不同的开关，按下开关，灯便亮起。除非某个聪明的设计师想到了语音开关或是触摸开关，那么你就得重复一次图式的发现过程。

寻找图式

当然，识别图式的能力并非我们进化而来的。但正因图式之灵活，我们才可能识别出天敌、熟人的面孔并作出相应的反应。图式机制能将我们的感官所捕捉到的无限可能性集合起来，形成心理速记，使我们能“按开关”“虎口脱险”“看见熟人说‘你好’”。

我们非常善于图式识别，即便信息有限，我们也能做出判断。从这一方面看，我们填补空缺的能力远高于计算机。这也是网站登录通常使用“验证码”系统的原因——验证码多用扭曲的字符组合，增加了软件程序识别的难度。人类善于处理这样的视觉信息，软件却难以准确识别。

来看看下面的不完整单词的图片：

不完整的单词

第一行单词，缺失了一部分，我们却能较容易地识别出单词“BANK”。因此填补这部分空缺并不困难。第二行单词，缺失了一半，我们仍然能识别出“BANK”。第三行单词，我们的识别会困难一些，也许是“BANK”，也许是“RANK”。至此，我们的联想能力失灵了。

大多数情况下，这种能力是我们的优势，我们能在数据有限的条件下完成工作——我们在现实世界中获取的数据通常是不完整的。但我们也面临一类危险，即大脑建立图式与匹配图式的系统太强，也许会想象出不存在的图案。

这种能力有益于我们的生存。对天敌保持足够的敏感度有益于我们的生存。即使是偶尔的幻觉，也有助于避免天敌潜伏在草丛中而我们却毫无察觉的危险。所以，我们在黑暗中容易想象出妖怪，对一些自然现象产生误解。我们也许会在阴影中、云层里看出人脸。我们发现，我们很难理解没有图式的、完全随机的事物——我们的大脑一直在寻找图式。

骰子世界 科学的图式

图式并不只与日常生活相关，它还是科学进步的基础。我们竭尽全力地探索科学，科学方法是我们理解这个世界的基础。

我们在科学中寻找图式与规则，以解释宇宙及其各部分的运行方式。今天的科学家研究出大量的数学公式，但其基本原则依然是寻找图式。科学家做的事很简单——运用美妙的公式探索未知世界。

最初，我们一无所知。后来，我们收集了大量的数据，足以对某个现象提出假说。再后来，我们开始通过观测去验证假说（假说是一种预测式的图式）——结果符合预期，则此假说成立；结果不符合预期，则我们重新开始。这即科学方法，它应该是我们与自然互动的方式。不过，现实中的科学家在得到某个假说时通常会爱不释手——即便有很多证据站在假说的对立面。此时，科学便沦为迷信。

欲使科学方法发挥作用，则宇宙活动需在一定程度上保持如一。以光速举例——我们认为光速恒定不变，因此我们可以用光速帮助我们理解宇宙。但若光速每日、每秒都在随机变化，科学家便无法用光速帮助我们理解宇宙。鉴于我们探索宇宙的程度取决于对光和光速的认知，光速可变即为宇宙学研究的灾难。事实上，若宇宙活动不能保持如一，整个科学概念便会崩塌，我们所生存的宇宙也许会如魔术一般变幻莫测。若每次实验都得到完全不同的结果，则任何假说都无法提出。

但光速也并非一成不变。我们知道，光在介质中的传播速度与在真空中的传播速度不同——光在空气中的传播速度小于在真空中的传播速度，在水中的传播速度更慢，玻色-爱因斯坦凝聚态（Bose-Einstein condensate）甚至能“囚禁”光。但这不会给科学带来麻烦，因为光速的这般变化是可预测的。我们确定，光在同一种介质中的传播速度是相同的。

我以光速举例是因为存在一个理论（它也许是一个合理的理论，即便目前尚未获得多数人的支持），它指出光速会随着时间的推移而发生变化。根据这一理论，从宇宙诞生至今，光速已发生非常微妙的变化。倘若该理论为真，它会改变我们历史上对遥远星系作出的一些结论，但它依然不会给科学带来大的麻烦——因为这些变化以及变化带来的影响是我们可以预测的。

随机性的困惑

然而，在处理现实问题时，卓越的图式能力依然有缺陷——缺乏图式时；无法用逻辑推导下一刻会发生什么时；随机性主导一切，混沌接踵而至时。幸然，我们与世界的互动大部分是可重复的，随机性在可控范围内。但在我们面对复杂的概率问题或发现宇宙的基础几乎依赖于随机性时，我们的图式能力便会陷入困顿。

例如，灾难发生时，灾民们常问："为什么？"——为什么是我们？为什么是这儿？为什么是现在？我们希望追根溯源，得到一个理由。但这些问题通常没有根源，也没有理由。灾难发生确有其因，但"为什么是我们？"这一问题没有答案。例如，小孩子遭遇雷击或者被洪水冲走，孩子的父母问："为什么是我们，为什么其他人没事？"我们需要很长的时间才能接受随机性事件带来的结果。古代，人们用神灵之怒解释村庄里突然暴发的疫情，将灾难怪罪于行为不轨的村民。如此推理毫无意义或逻辑，却形成了某种图式。

21世纪，类似情况仍然存在。2010年，某人向世界宣称："穿着不当或行为不检点的女性是地震发生的罪魁祸首。"显然，这一说法非常荒谬。

我们希望找到图式，但宏观世界和微观世界都由随机性掌控，这让我们很伤脑筋。一些事件也许有缘由，譬如地震，但我们无法精确探测它背后的逻辑，这个系统太复杂。一些事件也许没有缘由，譬如一些放射性原子的衰变周期。但无论是否有缘由，一旦我们主观认定某种图式，便开始自欺欺人。

衡量风险

在概率面前，我们通常无能为力，这在我们尝试衡量风险时表现得很明显。例如，曾经有一则新闻报道："一名出租车司机因袭击年轻的女性乘客遭到逮捕。"（几年前，我居住的城市就有类似事件发生。）接下来的几周，当地的人们通常不希望自己的女儿独自乘坐出租车。他们也许会说，这是人的本能。的确，但从风险的科学衡量考虑，本能的反应并不正确。

总体而言，在英国，出租车司机袭击乘客的风险不高。每天，有成千上万的人安全地乘坐出租车。这则新闻吸引了人们的注意，似乎让风险的概率突然升高。但事实上，这种风险反而降低了，因为该地区袭击女性乘客的司机被逮捕，所以现在乘坐出租车相较之前反而更安全。然而出于本能，人们对这类潜在的危险感到恐惧，因此亲自驾车带女儿出行。这个例子具有代表性，统计学家们知道风险降低了，但他们依然会提醒自己的女儿出行时多加小心。这一做法并非出于理智，而是出于本能。

再举一例，思考一些其他的风险。在试图评估风险时，我们通常对一些原因较明确的、熟知的事件更重视。例如，根据统计，儿童丧生于交通事故的风险更高，人们却更注意恋童癖者的风险，忽视交通事故的风险。这是因为媒体经常强调恋童癖者带来的威胁。事实上，交通事故的风险更高，但因发生次数总体不多而鲜少得到人们的关注。在儿童安全的话题中，恋童癖新闻总是比交通事故更博人眼球，这是不应该的。

随机性把人们弄得晕头转向。现实中，我们依赖于图式，而随机性的实质是没有图式。因此，在应对随机性时，我们一定会遇到困难。遗憾的是，我们的宇宙充斥着大量的随机、偶然、概率事件——图式是宇宙的反常现象，随机才是宇宙的常态。

骰子世界 从经典到混沌

随机大体上分为两类，经典随机（classical randomness）和我所描述的混沌随机（chaotic randomness）。“混沌”一词使用广泛。我对这个词——更准确地说，是“混沌随机”——有广义的理解，不同于一般的“无序”，不同于电影《侏罗纪公园》中的“混沌理论”。正是因为它的存在，我们无法准确预测未来几周的天气。

经典随机和混沌随机是不同的。经典随机中的单个事件是无法预测的，但一个经典随机物体集合的整体行为却遵循规律——分布——使对于该集合未来行为的预判成为可能。赌博游戏（假设游戏无幕后操控）是经典随机的一个典型例子。单次游戏的结果是真正随机的，但输赢的概率显而易见——随着时间的推移，人们能在统计学上预测未来也许会出现的结果。经典随机的规律不能告诉你某次游戏的结果，但能告诉你不同结果的分布。

这里，我们以毫无技巧的轮盘赌为例，轮盘上有18个黑色槽孔、18个红色槽孔、1个编号为“0”的绿色槽孔（球落入绿色槽孔则庄家赢），以及1个可能落入任何槽孔的小球。若暂时忽略绿色槽孔，则押注黑色（或红色）赢的概率是18/36（二分之一）。

这里，我花一些时间介绍下概率的表示方式。如果某件事发生的概率是四分之一，那么平均地说，每四次尝试中会有一次产生这个结果。例如，在一副没有大小王的扑克牌中抽出任意一张，得到任意一种花色的概率是四分之一。我们可以用分数来表示这个概率，我们有1/4或0.25的概率抽到一张红心扑克牌。概率区间为0到1，0表示完全不可能（抽出一张完全不存在的第五种花色的扑克牌），1表示必然发生（抽出的扑克牌为正常四种花色中的一种）。

我们可以用百分比来表示这个概率，与分数一样，以100为分母。因此，概率0.25表示为25%。例如，我们有25%的概率抽出一张红心扑克牌。赌徒习惯用赔率计算，这比概率更让人困惑。结合前面的例子，我们可以说，抽到红心扑克牌的赔率为3比1（通常写为3∶1），即抽到其他花色扑克牌的概率是抽到红心扑克牌的三倍。

最后一种表示概率的方式是比率。例如，抽到红心扑克牌的比率为25∶75。不过，这种表示方式多用于比率相等的情况（50∶50），与二分之一、1/2、0.5、50%等表示的概率相同。

回到前面介绍的轮盘赌，二分之一的输赢概率不受赌场的欢迎，赌场需要盈利。因此，他们加上了编号为“0”的绿色槽孔（美国的轮盘通常有2个绿色槽孔，编号为“0”和“00”）。如果球落入绿色的槽孔，只有庄家赢。长远来看，胜利者只有庄家，玩家需要有清醒的认识。当然，你也许能成为幸运儿，只要你见好就收。

轮盘赌是一种实体装置，因此它并非产生1到37（美国赌场是38）之间随机数字的完美机制。虽然赌场会定期对轮盘作检查，但仍然难以避免细微偏差——偶然情况下，一些玩家也许能大赚一笔。19世纪的英国工程师约瑟夫·贾格尔（Joseph Jagger）便是如此，他在摩纳哥赢得盆满钵满。当时，歌曲《让蒙特卡洛的银行破产的男人》（*The Man Who Broke the Bank at Monte Carlo*）首次面世，大家自然地将其与贾格尔联系起来。不过，两者可能并无关系，歌曲可能与一名叫查尔斯·威尔斯（Charles Wells）的老千有关，他在蒙特卡洛赢了上百万法郎，仿若使银行破产。后来，威尔斯承认，自己的胜利出于运气和有效的策略——充足的赌资、加倍投注。

与威尔斯不同，贾格尔并不完全依靠运气，他赢得两百多万法郎的赌局充满了戏剧性。①他雇佣一些人去赌场记录6个轮盘上常赢的数字。通过结果比对，他发现某个轮盘尤为青睐其中的9个数字。于是，他只投注这9个数字，成功地打败了系统。很快，这个轮盘产生的损失引起了赌场的关注，赌场重新设置轮盘，贾格尔的信息作废。

显然，贾格尔在一定程度上找到了也许能预判未来的规律。如果我们考虑混沌随机的例子，预判则变得极为困难——例如，发生地震时间的预测、未来几周天气的预测。这种混沌系统中的单个事件也许可预测，但现实中的元素存在复杂的相互作用，微小的变化就能在结果上带来巨大差异。

经典随机中的随机事件的集合可以形成一个可预测的分布，混沌随机却不容易。在混沌中，事件不会出现有序的分布，混沌随机的结果可能让人大吃一惊。某种意义上，混沌随机比经典随机更随机。

---

①作者注：通过技巧提高轮盘赌的获胜概率不大，除非轮盘出了问题。但像21点这样的游戏，牌的张数有限，记忆力强的玩家可以计算已打出的牌从而提高获胜概率，这不是作弊。不过，玩家赢了钱，赌场通常会主观猜测他们有作弊行为，因为赌场旨在从玩家身上拿钱。

2 比随机更随机

经典随机和混沌随机都给我们制造了麻烦，两者结合起来似乎会更麻烦。经典随机的用处，在于它能预测人类身高的变化，预测赌局的结果。但若是用经典随机的分布去预测地震背后的混沌行为，一定会受挫。由于寻找图式的本能，我们也许会忽略混沌中的一些细节，但那或许正是决定性因素。

塔勒布在《黑天鹅》中引用了伯特兰·罗素（Bertrand Russell）的火鸡的故事。想象一只火鸡的一生，这只火鸡非常爱思考，它能预测自己未来的幸福。回顾过去的生活，它发现好日子与坏日子呈正态分布。假设这个过程只有经典随机，那么积极经历与消极经历的范围、好日子和坏日子的分布即可预测。然而，圣诞节来临，混沌介入其中，这远远超出了它迄今为止的所有经验。

我们就像这只火鸡。公司投入大量的精力用于预算研究，预测来年的业绩，会在现实与理想脱节时痛定思痛。这些公司（经济学家、政治家也相似）即火鸡。公司基于过往经验畅想美好未来，又在混沌介入后心灰意冷。各位，错的不是你的预测——也不需要事后痛定思痛——错在你认为大部分现实生活可以有效预测。

再举一个关乎生死的例子——空难。我们通常将飞行经验视为经典分布，忽略混沌介入的情况。空难非常危险，它的随机性让我们感到恐惧。由于媒体报道了太多的空难新闻，通过经验评估，人们会认为空难易于发生，于是一些人选择陆路出行而不乘坐飞机。实际上，这样的判断存在主观性。

通常，全球每年约有1 000~2 000人死于空难（多数空难发生在小型飞机），却约有1 250 000人死于陆路交通。因为媒体曝光，因为对无法掌控的随机性的恐惧，我们惧怕乘坐飞机。举个手，我也讨厌坐飞机。一想到空难的场景，我会毛骨悚然，但事实上这类事故发生的概率非常低。

空难与出租车司机的例子相似。问题的实质是，我们对风险的关注度提升了，但这并不意味着风险的概率提升了。2001年纽约世贸中心遭遇了恐怖袭击。事后，相关单位加大安保力度，因而恐怖袭击再次发生的概率大大降低。不过，一些人却认为自己身处在更高的风险中，这是因为他们不了解混沌随机。

骰子世界　成功因素

面对混沌随机，我们似乎总是无能为力，因为我们经常把在一些混沌主导活动中的成功归功于天赋而小瞧运气的作用。作家的书、投资者的投资、老板的公司有多成功，通常取决于混沌的作用。天赋也许会带来一些微妙的影响，却并非销量、股值、业绩等飙升（与火鸡的圣诞节一样）的决定性因素。

当然，若说成功不需要天赋也是歪理（尽管有些电视明星的确如此）。通常，成功存在一个能力阈值。低于该阈值，糟糕的表现不可避免。高于该阈值，在混沌随机主导的领域，成功取决于混沌。不过，并非所有的商业活动都严格遵循这一规律，连锁店受混沌随机的影响非常小，这非常有趣。

如果你开一家麦当劳连锁店，生意很可能会进入一个舒适的状态，因为对未来的预测相对容易确定。尽管客人数量是随机变化的，但这一变化通常分布于一个可预测的范围。此外，汉堡的需求量也分布于一个可预测的范围。汉堡店倒闭的常见原因是开店位置不佳。客流量适宜，产品质量和价格合理，汉堡就不愁销售。然而，这并不代表万无一失。对汉堡店而言，巨大的环境改变也会带来混沌——附近有沙门氏菌爆发，门店也许会倒闭；市政封锁了附近的街道，门店的利润也许会锐减。

从长远来看，环境变化不可小觑，稳定的产业也会发生翻天覆地的变化。20世纪80年代，不会有人认为柯达公司会走向破产。柯达公司以为数码摄影只是随机出现的小插曲（不足为患），主观地认为他们比任何人都了解摄影行业。但实际上，数码摄影的出现颠覆了整个行业，待柯达公司作出反应，为时已晚。

一些没有专业技能的人也能在混沌随机的案例中冒充专家，赌马的经典骗局就具有一定的代表性。假设，你是一个不择手段的人，想要从赌马者身上捞一笔钱。你可以告诉他们一个能预测结果的技巧，并说服他们相信你能帮助他们成为赢家。实际上，你的确能做到让部分人成为赢家，这在表面上显示了你的成功。

假设你选定的比赛只有少量的马匹——假设只有四匹马（方便计算）。然后，你开始推广自己出神入化的投注方法，等着赌马者付给你一大笔钱来购买随机产生的结果。你为他们预测谁是冠军，他们为你的预测支付费用。为了证明你的方法有效，你可以选择一个聪明的策略，免费告诉他们第一场比赛谁是胜者，此后每场比赛的预测需要他们每人支付1 000英镑。

假设有4 096人参与了第一次的免费预测（这个数字只是方便计算，实际人数也许会很多，因为是免费的）。你可以简单地将参与的赌马者平均分成四组，告诉第一组人（1 024人）第一匹马会赢，告诉第二组人（1 024人）第二匹马会赢，以此类推。最后，一定会有一组人（1 024人）成为赢家。放弃预测失败的组，在成为赢家的组中重复此方法，将1 024人再次平均分成四个组并告诉每组不同的预测结果。

第二场比赛会有256人成为赢家。重复这一过程，第三场比赛会有64人成为赢家，第四场比赛会有16人成为赢家。此时，这16人已连续赢了四场比赛，他们中的大部分人会对你产生足够的信任，并愿意在下次预测时继续付费。

收费方式具有多样性，如逐次递增收费金额，并给失败的人退费。现实情况是，只要存在最后一批赢家，他们一定会认定你是天才，因为你完美地预测了每场赛马的冠军。但事实上，除了诈骗，你毫无方法或天赋可言。你能在表面上表现出自己能成功预测冠军的唯一原因是那16个人太幸运（在此情况中，只有1/256的概率），他们每轮都进入了赢的那个组中。

这种成功随机分配的模式也适用于出版或投资领域的其他成功现象。并非那些成功人士有过人的、超群的天赋，只是其他成千上万没有成功的人在一连串的预测中失算了，与赌马者类似。少部分的幸运者获得成功，大部分的人无法获得那样突出的成就。现实世界和赌马骗局的区别是前者没有行骗者，甚至不需要行骗者，前者的混沌是大量活动同时发生、相互作用的自然结果。

骰子世界 随机成功

由于我们渴望找到明确的因果关系，因此我们很难接受J. K.罗琳（J. K. Rowling）、比尔·盖茨（Bill Gates）、理查德·布兰森（Richard Branson）、乔治·索罗斯（George Soros）等人的成功没有卓越的技巧。但也许，他们像赌马者赢钱一样，不需要技巧。当然，并非任何人都能碰巧得到混沌随机的助力而大获成功。事实上，大多数人只是赌马骗局中没能成功的那部分赌马者。不过，总有人在混沌随机中获得成功。

再如买彩票，一个人中奖的概率是百万分之一，总有某个人能买到那张中奖的彩票。这个过程也许只需要运气，不需要技术和专业知识。买彩票需要的能力也许只是开奖前的购买行为，此后你的行为不会对结果产生任何影响。

就彩票而言，虽然我们不能预测中奖号码是什么，但我们能预测一定有一个号码能中奖，这是彩票与出版、炒股的最大区别。彩票的开奖机制遵循经典随机，而非混沌随机。相比之下，J. K. 罗琳的新书是否能出版、何时出版我们无法预测，我们只知道也许未来的某个时间某个作家的书能大卖。通过与彩票对比，我们清楚地看到，混沌随机时常愚弄我们，我们通常更关注专业技能的作用而忽视随机的功劳。

一些人认为，彩票不能与畅销书作家、成功的商人和股民作比较，它们有本质上的区别。彩票遵循已知的概率（一定存在某张彩票能中奖），彩票中奖的金额是已知的、有限的；混沌随机事件超出了已知范围，它几乎是无限的。这样的说法是不对的，彩票的要素不只有中奖概率和中奖金额，还有中奖对人们产生的影响——中大奖给人生带来的重大改变无法预测，它对中奖者的影响无异于混沌随机事件。

你也许会认为这是我对J. K. 罗琳的攻击，将她的成功归结于运气而非优异的写作能力，为没有取得相同成功的作家打抱不平。事实上，我完全没有这样的想法。这里，我们先看看三部相对成功的丛书——《哈利 · 波特》《暮光之城》《五十度灰》，看看它们为何能成功。

我不认为它们因文学造诣而成功，《哈利 · 波特》还算合格，《暮光之城》次之，《五十度灰》再次。事实上，图书市场老少咸宜、写作水平更佳的竞争作品众多，却很难获得它们那样的成功。

我不认为它们因原创故事而成功。也许一些书迷会指出，书中人物描写细腻、故事情节跌宕起伏、口碑好。不过，图书市场各方面更优秀的作品众多，却很难成为畅销作品。

它们压倒性的成功和混沌随机有关——混沌随机无法预测。出版商很难找到“新的《哈利 · 波特》”或者“新的《暮光之城》”——他们以为自己看到了某种图式，而这种图式并不存在。出版商真正能做的是把写作水平合格的作品呈现给读者，然后等待混沌随机的结果。

再次重申，我并非在说作家们（或投资者、商人）伏案工作、镞砺括羽、字斟句酌毫无意义，成功全凭运气。实际上，这些工作是成功的基础，相当于彩票案例中的彩票购买，获大奖则需仰仗混沌随机。同时，营销工作也有意义，它让作品进入大众眼帘，有益于短期内提升销售趋势，W. H. 史密斯（W. H. Smith）的实验就是例子。

史密斯是一家报社的高级主管兼售书员。他告诉我，他们做了一次实验，将一本滞销书放在书店最前方、最显眼的位置。该书在第一周就冲进了销量前十的榜单，接下来的几周也保持了不错的销量。这个行为让该书增加了几千册的销量，给作者和出版商带来了收益。我刻意不提书名，避免该书销量因我的原因而增加——这种方式获得的成功与混沌随机无关。

混沌随机带来的成功似乎和运气关系颇大，这太不公平了。因此，我们不喜欢随机，渴望找出成功背后的规律。我们总能找出一些看似合理的理由——恰逢其时、作者有惊人的天赋、作者了解这个时代——为成功作解释。这种事后诸葛亮的行为也广泛存在于股市。分析师会为每次股市的波动作解释，他们会想到一切可能合理的解释——银行发布了某公告、某公司业绩不佳。事实上，他们并不清楚真正的原因，大概率是混沌随机在作祟。

再举个例子，西方政要换届选举时，民众会关注当局政府的执政记录，如经济发展状况。然而，经济快速发展的原因是复杂的、混沌的，它与政治家的政策有关，但不是绝对的因果关系。

世界骰子　迷信催生因果

努力寻找因果关系，将不符合事实的原因强加在某件事情上是一种迷信行为。在一个关于鸽子的实验中，我偶然发现，鸽子在得到喂食之前恰巧连续几次都做了某个相同的动作，它会在以后饥饿时重复这一动作。鸽子变得迷信了，它发现了与喂食相关的图式，并认为这个动作即是得到食物的原因。

我的狗似乎也迷信某个仪式。每天早上，它会期待我抚摸一下它的肚子，然后抚摸它的耳朵，再走到自己的碗边吃饭。这似乎已成为它的一种仪式。

我们已习惯了愚蠢的迷信，认为一些事情之间存在必然的因果关系——如村里的牛生病、粮食减产与村里发现“女巫”有关系。现代社会，大多数人对这样的迷信会一笑而过，但仍有少数人会相信。两件事发生在同一时间、同一地点，并不代表一者为因，一者为果。迷信将关联（发生在同一时间、同一地点）转变为了错误的因果关系。

还有一些较复杂的例子，出于巧合，人们会认为X事件是Y事件造成的。也许，X事件和Y事件并无因果关系，它们皆由Z事件造成。例如，第二次世界大战后的几年里，英国的妊娠率与香蕉进口量产生了联系。那几年，香蕉进口量增加时妊娠率上升，香蕉进口量减少时妊娠率下降。事实上，两者并无因果关系，引起两者发生变化的原因也许是经济环境的变化。

“香蕉导致怀孕”的例子很离谱，但类似的说法应引起人们的重视，我们要科学地分析因果关系。多年来，英国的一些数据表明，就读女子学校的女孩的学习成绩更优异。人们想了一大堆原因试图解释这些女孩为何成绩更优异，认同度较高的一个原因是没有男生的打扰。现在，我们来做一些大胆的想象。

我们不知道就读于女子学校的女孩比其他同龄人学习成绩优异的原因，但我们知道女子学校与其他一些学校的区别。女子学校通常是私立的。私立学校的班级人数通常少于公立学校，小班制也许有益于学生成绩的提升。私立学校的学生通常家境优渥，这在一定程度上有益于学生成绩的提升——有能力请家教、对学习和考试的认知，以及进入高等教育的期望。同时，相较于公立学校，多数私立学校会招收一些学习能力较差的学生。这些学生或许会在老师的鼓励与期许中提高成绩。因此，单性别教育能让学生取得更好的成绩是一种错误的想法。

人们渴望在随机的事件之间找到因果关系，在纷繁的信息中找到最显著的变化作为事件发生的原因。即使股市的波动完全由随机数生成器决定，分析师依然能找出诸多理由对波动作解释，但这些理由与股市波动并无关联。

每当评论员说“某个股票因为某国总理发表了某个声明而下跌”“某国的GDP因为某党的政策而上涨”“某片区的房价因为某些人的大量购买而下跌”“某足球队的成绩因为新经理的上任而提升”时，请多问问：“你是怎么知道的?”“因果关系有证据支撑吗?”

关联与因果，科学家也容易混淆。2004年，瑞典科学家雅尔·弗伦斯马克（Jarl Flensmark）发表了一篇题为《穿高跟鞋与精神分裂有关联吗？》（*Is There an Association Between the Use of Heeled Footwear and Schizophrenia?*）的论文。虽然论文题目为疑问句，但论文的假设却如同陈述事实：“高跟鞋的使用始于1 000多年前，它导致了第一例精神分裂症的发生。”而后，作者在文中论述了高跟鞋产量上升与精神分裂症病例增加的线性关系。

作者指出，最初高跟鞋流行于上流社会，精神分裂症也通常发生于上流社会；高跟鞋问世后，出现了第一例精神分裂症病例；随着高跟鞋越来越流行，这种病症的患者越来越多。因果关系一目了然。

作者以复杂的方式论证高跟鞋对大脑产生的影响，事实上，他也许把关联和因果混淆了。他认为，最初高跟鞋主要流行于上流社会，因为上流社会的人富裕而无需务农劳作。随着社会的不断进步，富裕的人越来越多，穿高跟鞋的人也越来越多。在中世纪的欧洲，治病是一种奢侈，只有富裕的人可以承担，并留下病例报告。

论文似乎推导出了两条独立的因果关系，富裕使得更多人穿高跟鞋，富裕使得相关病例报告增加。客观地说，这两条因果关系并不能推导出穿高跟鞋导致精神分裂症病例增加。通过两条模糊的推论，这位学者作出了因果关系的断言——只因人类（包括学者）需要图式。

骰子世界 自然周期

我们为随机事件找出的原因也许是错误的，一些变化也许不需要原因，只是自然的起落。你在沙滩上看海浪，浪花时而澎湃、时而宁静、时而用力拍打海岸、时而无力地起伏。你不会说：“啊！海鸥飞过引起了海浪。”你只会说：“这就是海浪。”也许在某个层面上，股市的波动、足球队的比赛表现与海浪的起伏具有相似性。我们努力寻找一切事物的原因，也许一些事物并不需要原因。

海浪的起伏与股市的波动都是随时间变化表现出的结果。当事物在时间和空间上随机分布时，你会看到不规律的周期、点和间隙。想象把一盒滚珠倒在地上的场景，如果散落的滚珠呈现出相同的间距和一致的空间分布，你一定会产生疑惑——地板下是否有磁铁或者其他什么东西。你更能接受的结果是，一些滚珠相聚，一些滚珠分散。

我们通常能接受滚珠、海浪的随机性，但对一些身边经常发生的事却不易接受。当问题集中发生时，我们会惯性地寻找原因——过去，我们问责女巫；今天，我们问责信号塔、核电站等。事实上，一些问题集中发生的确有原因，但一些问题集中发生也许只是因为随机，包括许多癌症案例集中出现的情况。

也许，我们真正不易接受的是将大获成功归因于随机性。一想到巨星的成功只是因为运气，我们就会产生抵触情绪。

为了更好地解决这个问题，一些简单的方法也许能为我们提供帮助。

3 衡量运气

我喜欢阅读与成功人士——比尔·盖茨、史蒂夫·乔布斯（Steve Jobs）、理查德·布兰森、杰夫·贝索斯（Jeff Bezos）——相关的书，了解他们是如何取得惊人成就的。不只是我，许多人都喜欢阅读这些精彩的故事。不过，如果传记完全不强调运气的重要，那么你可要小心了。如果传记试图告诉你只要按照成功人士的方法做就能获得成功，那么作者一定是受了迷信的蛊惑。你无法学会如何变得幸运，你能学会的是如何把握住运气带来的机会。你可以欣赏商业巨星的传记故事，但请不要被其中错误的因果关系所欺骗。

伟大的物理学家理查德·费曼（Richard Feynman）采用了一种方法帮助人们理解量子物理学，这也是了解某些成功在多大程度上由偶然驱动的一种有趣的方法。费曼是位伟人，今天的许多物理学家仍将其视为英雄。

在物理学上，费曼因量子电动力学而获得诺贝尔奖。量子电动力学研究光与物质的相互作用。光与物质的相互作用一直在发生，如光线照射在视网膜上使生物能看见事物，光为地球带来热量使生物得以生存。费曼采用了一种名为“路径求和”（sum over paths）的方法，它简单且惊人。想象一束从光源向镜面射出的光。高中物理告诉我们，光沿直线射向镜面，然后以与入射角相同的角度沿直线射出。

基于量子粒子的奇怪行为，费曼认为，光子可以在光源和终点之间沿无数条路径运动，光子以不同的概率沿不同的路径运动，包含光源和终点之间的所有路径。

我们把所有可能的路径相加，指向相同方向的路径会叠加并加强，指向不同方向的路径会互相抵消。因此，我们实际看到的结果是光子看上去沿直线射入，再以与入射角相同的角度沿直线射出。

我们以类似路径求和的方法不严谨地思考不同的成功或灾难与随机性之间的联系。以彩票中奖为例，当新闻播出且中奖者确定时，中奖者所走的具体路径被确定，它让中奖者走向成功。此时，我们看看买同一家彩票的未中奖者的路径之和——复合路径指向输家，它导致大多数人输钱，呈现出完全不同的图景。

我们再试着用类似方法思考出版问题。图书销售火爆，作者能拿到较高的稿酬，这是一条成功之路。但对所有具备基本能力的作者的路径求和，得到的却是不乐观的结果——许多图书的销量在1 000本左右，每本书的销售通常只能给作者带来1英镑的稿酬。能力优秀的管道工人的职业路径之和与此形成对比，他们不会像彩票中奖者、畅销书作者那样赚大钱，但他们的路径之和也不会让人太失意。

骰子世界 不人道的经济学家

经济学家是最该感谢路径求和的一群人，但他们鲜少理解随机性及其影响。经济学家常在无视混沌的前提下作预测，但他们的成功也许只是错觉。从经济学家互相攻讦的频率可以看出这种错觉的本质。经济学自诩为一门科学，但每年获得诺贝尔奖的经济学家却可能持相悖的观点。如此看来，这似乎是一门艺术，而不是科学。

经济学家出错的原因之一是他们为了预测人类的行为，假定所有人都会“理性”行事，即在经济学家眼中以经济利益最大化为目的的行事方式。这种“稻草人谬误”（straw man fallacy）的认知，通常称为“理性经济人”（homo economicus）。其问题在于，它对人类真实行为的考量非常狭隘。我们人类不仅经常不理智，甚至在我们表现得理智的时刻，我们对利益最大化的评估也很少纯粹地关注经济收益的优化。

诚实的经济学家，如果没有自欺欺人地相信自己的炒作，他们就得承认自己的行为就如同故事里那样，将科学方法比作了“在夜晚漆黑的街道上去寻找丢失的钥匙”。故事是这样的：你遇到一位丢了钥匙的科学家，便和他一起寻找钥匙。她在这条街上那唯一的路灯下寻找。找了约莫15分钟后，你问道：“你确定是在这里丢的钥匙吗？”那位科学家顿了一下，说：“不是。我捉莫着，我的钥匙该是丢在了隔壁街道。但那条街上根本没有路灯。”

这个故事的争议在于，乍一听，这位科学家似乎很愚蠢，但在没有光的地方寻找东西的确没有意义。无论故事与真实情况有多大差距，光始终是寻找东西的必备品。

我个人认为，这个故事并不能代表科学，因为优秀的科学家会另寻他法，如在丢钥匙的街上用脚的触感去感受，不过这是题外话。经济学家在假定“理智”行为时，通常只是在其他信息阙如的情况下尽力而为——但值得我们注意的是，他们几乎没有对现实做出有价值的描述。

最后通牒博弈（ultimatum game）可以恰如其分地说明“理性”经济学会让我们距离现实有多远。这是一项很简单，但信息量极大的测试。在最后通牒博弈中，你和另一人需要对一定数量的钱做出决定。但你们两人不能以任何方式进行讨论。你们将要分享1英镑（比如这个数量）——获得这1英镑没有任何附加条件，的确是送给你们的。只不过，在得到钱之前，你们二人需要做个决定。

首先，对方决定你们二人如何分钱。对方想怎么分就怎么分。可以对半分；也可以对方自己拿走所有钱；也可以给你1便士，他自己拿剩下的……或者以任何他喜欢的方式分钱。然后就是你做决定，要么说“行”，那么你们两人就能按对方决定的方式分到这笔钱；要么说“不行”，那么你们两人都得不到钱。你们两人不能进行任何讨论。

多年来，博弈游戏在不同场合下进行过很多次。（谁说经济学家和心理学家不知道怎么找乐子？）按经济学思维，作为你在游戏中的角色，只要对方分了你一点钱，你的理智行为就是说“行”。只要有，哪怕只有1便士，那也是白拿的钱。从逻辑上讲，为什么要拒绝呢？通常，在经济学家笔下，人类手上戴的腕带都刻着“WWMSD”，意思是：“斯波克先生会怎么做？（What Would Mister Spock Do？）”然而在现实中，你很可能会说“不行”，除非你认为自己得到的份额足够公平。[①]

不过，公平的份额为几何，就因文化不同而有着巨大差异了。有些人可接受低至15%的份额，而有些人则会索求高达50%。但欧洲和美国人通常会接受30%左右，或更多一些的份额，此时他们就会说“行吧”。如果少于30%，欧美人便会认为此事不公平，并准备还击——哪怕还击要付出金钱的代价。

这项实验表明，为信任和公平付出代价，是人类认可的行为。我们愿意用经济损失来换取公正。如果人类的逻辑仅是以经济学为基础，那上述行为就说不通了——只要给你钱，无论多少，你都应该让其落袋为安。但你的大脑会考虑更加复杂、综合的因素并做出决定，而并不是单单只考虑金钱的问题。

这也并非意味着金钱对下决定就不重要了——如果心理学家认为西方国家的人永远都会要求30%及更多份额，那么他们就的确没考虑过真实世界中的情况。例如，如果有一位亿万富翁决定参与这场博弈，并开出了总共1 000万英镑的份额，那么，哪怕只能分到1%——也就是10万英镑，你也有可能会接受的吧。除非你本身就非常富有，否则你根本不会就为了给他一个教训，讥讽他何谓不公平，而拒绝这笔能够改变人生的巨款。现实中，你会放下尊严，无视心理学家，接受这1%的份额。

作为练习，你可以空想一下自己面临这一情况时，能接受的底限是多少，这也是件挺有趣的事。在一场提供1 000万英镑的最后通牒博弈中，在10万英镑到（大部分人都会拒绝的）1英镑之间，你的期望界线在哪里呢？而我嘛，只要有100英镑，我想我就会让步了，这只占到了

① 译注：斯波克先生是影视《星际迷航》中的主要人物，总是能在危急关头给出最理智的解决方案。作者在此处意指经济学家认为人类总会做出最理智的选择。

总额的0.001%——但这样一来，我也太卑微了些。所以，在很大程度上，30%左右这一分界点是否成立，得取决于总金额是多少。

骰子世界 赌运气

要更好地理解我们对经济学的态度，赌博几乎必然是我们可选的方法之一。无论是依据经典的随机性，或是大力仰仗于技巧，为某一事件的结局赌上自己金钱的冲动，与人类文明的许多标志性事件一样，可以在历史上追溯得很久、很远。即使是不经常买彩票、赌马，或是从未进过赌场的人，也可能会偶尔打个赌——向似乎很有获胜希望，但实际并未经过计算的赌局中投入财物。

前文已经说过，随机性并不一定都遵循有规律的分布，不过许多标准赌博方式，如掷骰子，或拿到一手特定的扑克牌，却遵循着规律的分布。已知最古老的赌博工具是考古挖掘到的膝盖骨，也有可能是踝骨，它们能追溯到几千年前。它们是从动物骸骨末端上削下来的物件儿，做成了四面体的骰子形状，用来赌博。后来，这些物件儿越来越复杂，变成了六面的骰子，有了棋盘，有了赌桌中嵌入的计数器（西洋双陆棋的前身），还引入了扑克牌——这些进步将技巧与概率结合起来，使赌博的过程变得更加有趣了。

然而，无论是简单的掷硬币、掷骰子或是抽卡牌，或是赌场中更复杂的机制，这些游戏的发展都没有抹杀经典随机性赌博的吸引力。所有参与此类赌博的人均分摊着风险：这种限制了混乱情况，让我们可以梦想天上掉馅饼的受控性风险，具有莫大的吸引力。

赌博为我们揭露了概率与时间之间的关系。随机性所带来的风险会随着时间推移而逐渐消散。在掷骰子之前，我们获胜的概率是1/6，但在抛掷之后，我们要么百分之百地赢了，要么百分之百地输了。结果出来后，风险也就消失了。这也是时光机的概念如此诱人的原因之一。有了时光机，我们便能穿梭到未来，看看中奖的彩票号，再回到现在，买下那张彩票，没有任何风险。

用数学预测未来、用概率分析并量化偶然性的想法，似乎未曾在历史上产生多大影响，直到数学发展至近代，变化产生了。古希腊未曾发展出数学符号来进行有效试验，不过他们对这类试验不感兴趣或许是因为一种宿命论——他们认为宇宙由混沌随机掌控，超出了人类的理解范畴。

即便是富有创新精神的中世纪阿拉伯数学家，好像也没能在概率论方面走多远。也许仅是因为文艺复兴前的人类生活貌似都由命运掌控，没有人能掌控身边的环境，以至于概率这一概念都未曾出现。也有人认为，盲从于宗教也会压制针对概率的任何思考。倘若你未来生活的方方面面都只在神灵们的一念之间，那么尝试预测未来也就没有多少意义了。

人类第一次对概率的探索，出自一本名为《概率游戏手册》（*Liber de Ludo Aleae*）的书，其作者是意大利米兰的一名医生，名为吉罗拉莫·卡尔达诺（Girolamo Cardano），他也是个痴迷的赌徒。卡尔达诺出生于1500年左右，20多岁时就开始写这本书，但直到1565年才定稿，6年后他便与世长辞了。在他去世后，又过了92年时间，他的杰作方才付梓。

卡尔达诺提出了用分数来表示事件的发生概率。如果我抛掷一枚（匀质的）硬币，正、反面朝上的概率应当均等。但实际抛掷硬币时，手握硬币的方式会影响正反面的出现概率，因而两者并不相等。例如，抛掷硬币时正面朝上，那么硬币落地时正面朝上的概率约是51/100，但我们假设该概率正好为50：50，来理解卡尔达诺的创新，即抛掷100次硬币，正面和反面朝上的期望概率均为50%。

卡尔达诺说，我们可以预计，平均每两次抛掷中，就会有一次正面，因此我们可以认为，正面朝上的几率（卡尔达诺没有用“概率”这个词）应当是1/2。对此现象还有另一种理解方式，即抛掷次数的一半为正面朝上，另一半则为反面朝上。如果我们将几率这一概念延伸到另一场景，如从一副普通的扑克牌中随机抽取一张扑克牌，那么抽到特定扑克牌（以J为例）的概率就是1/13——因为每13张牌中就有一张J，你也可以认为每抽13次扑克牌，就能抽到1次J。对于如今的人类而言，这一结论非常直观，但在卡尔达诺的年代，这可是个了不起的发现。

卡尔达诺的估算中有一处格外具有说服力，如他不仅算出了掷一次骰子得到6的概率为1/6，更算出了掷一次骰子得到5或6的概率为之两倍（即2/6，或约分为1/3），因为现在有2个选项符合我们的结果标准。在此基础上，卡尔达诺还探索了掷两枚骰子得到一个6的概率。我们可能会在粗略思考后说，一枚骰子得到6的概率为1/6，那么两枚骰子得到一个6的概率就应为2/6或1/3。这一观点有问题：如果你有6枚骰子，那么以此推论，你得到1个6的概率就应为6/6，即一定会得到6，然而在现实中，很有可能无论你掷多少枚骰子都没有一个是6。更奇怪的是，假设2/6的算法正确，那么投掷7枚骰子，得到6的概率就应为7/6——高于100%的概率了。但是，高于100%的概率显然不可能，除非是在选秀节目《X音素》（*The X Factor*）中——在这样的节目中，我们常常能听到选手付出了110%的努力。①

卡尔达诺意识到，要更谨慎地对待概率组合。如果第一次掷骰子得到6的概率是1/6，那么未得到6的概率就是5/6。同理，第二次骰子未得到6的概率也是5/6，那么两次掷骰子都未得到6的概率即是5/6×5/6=25/36。所以掷两次骰子得到一次6的概率就是11/36——比单纯将1/6乘以2的结果要稍小一些。

其他数学家，尤其是法国博学家布莱士·帕斯卡（Blaise Pascal），扩充了卡尔达诺的思想，发展出了有关概率的理论，使经典随机的预测变得更为简易。例如，卡尔达诺未能解决一个非常古老的问题，该问题至少能追溯到15世纪。想象一下有这样一场游戏，第一个拿到10分的

① 译注：《X音素》是一档美国选秀节目。

玩家获胜。如果一名玩家拿到8分，另一名拿到5分，由于游戏局面超出掌控而必须停止。再假设该游戏涉及某种经济利益，如果你面对这样的局面，该怎样分割奖金呢？毕竟任何一方都有可能获胜，但已经拿到8分的玩家似乎赢面更大，所以应该在奖金上占优势。

帕斯卡提出了一个适用的数学解法。顺便提醒读者注意，帕斯卡根本无法预测实际结果。他必须做出假设——大胆的假设——拿8分的玩家在13局游戏中赢了8局，而另一名只赢了5局。随后，现实中任何情况都可能发生。例如，领先的玩家可能会更疲惫，于是在此后的游戏中输得更多。帕斯卡的概率计算无法预测未来（我们必须谨记这一点），玩家坚持到游戏结束，此时的实际结果很可能与预测不同。但是，将奖金按8∶5进行分配，依然只是基于当前已知信息的最优解，算是聊胜于无吧。

有了卡尔达诺和帕斯卡的成果，我们逐渐可以使用概率来预测一定受控范围内的随机性。在我们使用数字的过程中，如果概率是可以来预测未来事件的一种手段，那么统计学则是另一种手段。

4 尽在统计中

在英语中，statistics（统计学）一词与state（国家）同源——统计学原指有关国家的信息。发展到现代，统计学的目的变成了提取由个体构成的样本信息，并用于对这些个体的未来，或是更广范围的个体进行推断。如果某系统内部的个体行为均可预测（人类通常不在此列），那么即使不能肯定单个个体的行为，统计学技术也能让我们感知该系统的整体行为。在后文我们将会看到，在我们尝试理解某些问题，如气体这类含有大量分子的物质的行为时，这一技术尤为有用。我们无法预测单个分子的行动轨迹，但我们可以很好地预测气体的整体行为。

那位带领我们脱离简单的数据收集、开始运用统计学的人，并不是某位建树高深的数学家或科学家，而是一位纽扣商——约翰·葛兰特（John Graunt）。尽管许多人对他的职业充满偏见，但他却成为英国皇家学会元老级的成员之一（早年间，英国皇家学会充塞着各种各样有趣的人物，现在已不是如此了）。葛兰特出版了一本开创性的作品，叫做《基于死亡登记的自然和政治观察》（*Natural and Political Observations Made Upon the Bills of Mortality*）——那时的人都喜欢这样冗长的标题。这本书分析了1604年至1661年伦敦的出生和死亡数据。

葛兰特的成果中，让人印象最为深刻的是他不仅使用了前所未有的方式来构造图表——目的是展现每年因瘟疫而导致的死亡人数变化情况；他更超越了单纯的数据，首次使用了统计学来推测数据以外的指标。例如，通过假设新生儿人数与育龄妇女人数之间的关联形式，他尝试估计了伦敦的人口数量——在当时，这一指标完全是个未知数。他甚至还尝试估计了人群队列（一组同时出生的人）的不同期望寿命的构成比。

几年后，天文学家埃德蒙·哈雷（Edmund Halley）使用类似的数据表（来自某德国小镇）计算出了不同年龄段人的期望寿命，这一成果与葛兰特分析相结合，为保险业奠定了基础。保险业在伦敦的咖啡馆中发展了起来，向世界各地蔓延。说到底，保险就是一种赌博风险会减小其影响的手段——通过分担风险来控制随机事件。大多数情况下，保险能通过经典随机中的可预测分布形式而获益，但偶尔会因为现实中的混沌随机（如遇到大型自然灾害时）而深陷泥淖。

世界骰子 有何价值？

我们用统计学处理现实人类情况时无法仅依靠单纯的经济学方法，或许你会认为这是近来才有的现象——在经济学家和股票交易员的观点中，似乎的确如此。但其实，一些数学家早已意识到了这一点。回顾18世纪，杰出的德国数学家丹尼尔·伯努利（Daniel Bernoulli）写了一篇论文，提出我们非常有必要超越基础的概率数学，上升到他所谓的效用（utility）层面：尝试量化对人真正有价值的东西。伯努利最深入的见解是“效用”并非全人类皆一致的常量，它会因人在当时所处的地位、价值而发生变化，就像在我假设的1 000万英镑的最后通牒博弈中，没有储蓄或收入的人，与百万富翁相比，做出拒绝的情形会大相径庭。

在伯努利的论文中，另一个非常有价值的观点则来自他的堂弟尼古拉斯（Nicolaus），他跟伯努利一样天赋十足。这一观点认为，在运用经济学家的另一概率工具——期望值（expected value）时，我们须小心谨慎。在某些概率中，期望值可能是有用的导向指标，但根据伯努利展示的观察结果，期望值并不是在所有的概率中都适用。

就未来的可能收益而言，不同的收益具有不同的发生概率，通过将收益乘以概率的方式，我们可以比较其优劣，这就是期望值的概念。它听上去很复杂，但其实很简单！假设我有两份投资可以选择，第一份投资中，我有1/2的概率获得100英镑，如果失败，则一无所得；第二份投资中，我有1/4的概率获得200英镑，同样，如果失败，也将一无所获。要弄清楚我该选择哪一份投资，就要将预期收益与其概率相乘。因此，第一项投资的预期收益为100英镑×1/2（因为其概率为50：50，我有一半概率会赢），即50英镑。第二项投资的预期收益为200英镑×1/4——依然是50英镑。两项投资的期望值都是50英镑，所以这两份投资项目的吸引力相同。

倘若第二项投资变为有1/4的概率得到160英镑，虽然依旧高于第一种情况的100英镑，但是其期望值变为160英镑×1/4，结果仅为40英镑，这就比第一项投资的吸引力小一些了。目前为止一切尚可。我们还可以结合不同的潜在结果。例如，如果在同一次投资中，有1/2的概率得到100英镑，有1/4的概率得到200英镑，那么期望值就为（£100×1/2）+（£200×1/4）=100英镑。然而这番推论在多数现实场景中都行不通。伯努利的例子非常极端，但它揭示了其中的关键问题。

他们想到了一个简单方法来计算投资收益。我们反复抛掷硬币，抛出正面朝上时游戏结束。若抛掷第一次就为正面，则回报就是1英镑；若为反面，则继续抛掷。若抛掷第二次为正面，则得到2英镑；若到第三次才为正面，则收益为4英镑，以此类推。那么问题来了：你为了这样的回报，会投资多少呢？思路呆板、毫无想象力的经济学家会翻找出他的期望值计算器，然后看着结果大吃一惊。

得到1英镑的概率为1/2——因为你有一半的概率能在第一次掷出正面。得到2英镑的概率为1/4——第一次掷出反面的概率（1/2）乘以第二次掷出正面的概率（1/2），即为1/4。同理，得到4英镑的概率为1/8，得到8英镑的概率为1/16，以此类推。要计算出整场游戏的期望值，我们就要将不同的结果与其概率相乘，再把乘得的积相加。

列式为：（1×1/2）+（2×1/4）+（4×1/8）+（8×1/16）+⋯

很显然，式子中每一项的结果都为1/2，所以期望值总和就应为1/2+1/2+1/2+1/2……无穷无尽，而无穷个1/2相加的总和即无穷大。所以，这份投资（或赌注）的期望值为无穷大。这似乎是在告诉我们，在这场赌博中，随便投注都能赢，无论庄家要你赌注多少都行。因为按其设定，期望回报一定比投入更大。但我们现实地想想，你会冒险投入100万英镑，只为50%的概率得到1英镑吗？因此，若赌输的后果不堪设想，那么期望值也就失去了指导效用。

这一悖论多维度揭示了股市的诱惑力。假设你的股票如你所想，整体以飞快的速度不断长期增长，那么你先前付出的代价真的就无关紧要了，你最后总会盈利。但不幸的是，这样的假设忽略了股市中两种混沌情况——股市崩盘和行业消失，这二者会让股东们一贫如洗。

我自己也有过一次这样的经历。我一般不涉足股市，但就在2008年金融危机之前，我注意到了好几家银行股价大幅下跌，又在一天内回升。如果在股价跌到低谷时买入，就能在一天内获得200%到300%的盈利。这是非常高的利润了。几天之后，另一家银行的股票也发生了同样的事情。这似乎是捞一笔快钱的机会。因此在股价跌到原价的1/10时，我买入了价值200英镑的股票。可是，这家银行是布拉福德宾利银行（Bradford and Bingley）。他家的股票一跌再跌，最后股票停牌了，银行也破产了。银行的客户有政府保护，但股东们——包括我这样的投机者——最后却血本无归。你或许会说这都是我自作自受吧，但这也让我们知道，如果忘记了混沌随机无处不在，情况会有多危险。

虽然这是一个受金融危机影响的例子，但混沌随机扰乱股票的期望值并不需要有危机发生，甚至是那些多年来都深受投资经理青睐、股票“稳定”增长的公司股票也在所难免。就如同伯努利的游戏中发生的那样，诸如可口可乐、麦当劳这类公司表面上有无穷大的期望值，前景一片光明，投资者们蜂拥而至，而事实上这些股票的表现还不如FTSE100

或S&P500这类更为广泛的投资组合①。更令人忧心的是，尽管我们无法预测哪家公司会遭遇不测，但我们有一定把握地认为，总有一些“坚如磐石”的公司最后会因为股票贬值而破产。

来看三个例子。泛美航空（Pan Am）是绝对稳定的航空公司之一，大名鼎鼎，随处可见，是美国的旗舰级航空公司。斯坦利·库布里克（Stanley Kubrick）甚至在《2001：太空漫游》（*2001：A Space Odyssey*）中设想过驾驶泛美的航天飞机带着乘客去往空间站。可如今，泛美航空已经倒闭了。另一个例子，王安电脑公司（Wang），知名度没泛美航空那么响亮，却曾是20世纪70年代办公系统领域中的大型科技公司。与王安的集成化办公功能相比，IBM的新型个人电脑都显得稍逊一筹。尽管在6年间，王安公司的电脑有着广泛销售，但它从未真正懂得这项技术，所以公司破产了。倘若这还不算真正的大鳄衰落，那么我们来看看前面提过的柯达公司，如何？作为巨头公司，柯达公司曾稳如房产行业，却被数码摄影抢走了自己大部分市场，最终在2012年苟延残喘下破产。

若我们看看伯努利的悖论——面对期望值无穷大的投资时，我们却不为所动，我们就能明白，人们更看重确定性，而非在随机性中冒险。比如，你投资100英镑，有50%的概率只能拿回1英镑。第一次可能出现回报的情形，是在第8次抛掷硬币时赢得利益128英镑。但少于此盈利的概率比却大于99：1，而亏本的概率却是99.23%。除非你所投的钱于你而言无足挂齿，否则你永远不可能在理智的情况下参与这样的赌博。

相反的情况则涉及参与大型彩票抽奖一类的情形，输掉赌注的风险非常高——但1英镑或2英镑的赌注对大部分人而言都不值一提，所以他们甘心为小概率大奖而承担高风险，然而从纯粹的经济学角度来看，这样的做法却有些不可理喻。究其原因，买彩票的人，买的不仅仅是期

① 译者注：FTSE100即富时100指数，是英国富时集团计算并管理富时全球股票指数系列之一；S&P500即标准普尔500指数，标准普尔是世界权威金融分析机构，由亨利·普尔创立。

望值，还有概率带来的兴奋感，他们期待着万一自己中了奖会发生什么。事实上，买彩票也是为了娱乐，而不仅仅是为了期望值。

伯努利理论（因本身太过简单而无法为真实人类建模）认为，效用与你所拥有的金钱数量以及财产价值成正比。举个简单的例子——比如你的总资产为10 000英镑，如果一项投资有1/2的概率能让你的投资翻倍，或完全亏蚀，你应该向该项目投入5 000英镑吗？简单的期望值模型无法给予指引，但效用却有所不同。重点在于，如果你亏损了5 000英镑，就失去了一半资产，但如果你赢了5 000英镑，只增加了新的净资产的1/3多一点。无论从哪个角度来考虑，若发生损失，都会比同等规模的盈利带来更大影响——但你拥有的金钱越多，影响也就变得越小，并且你也更愿意承担这一风险。

骰子世界 大数定律

丹尼尔·伯努利的叔叔雅各布·伯努利（不是一家人，不进一家门）想到了一个主意，让我们似乎能够驯服随机性——我们通常把它叫做“大数定律”（The law of large numbers）。这一定律非常有吸引力，因为它能很好地处理经典随机问题，但在现实世界中，它也很危险，因为它对于混沌随机问题毫无用处。大数定律的内容是：经典随机事件重复的次数越多，我们观察到的值就会越接近期望值。

依然以最简单的抛掷硬币为例，假设该过程无额外随机因素，那么我们就应该有50%的概率得到正面，50%的概率得到反面。我们抛掷一次硬币得不出任何结论，但随着我们抛掷的次数越来越多，我们就越可能接近50∶50的概率。

我做了个简单的实验，抛掷10次硬币。结果为：

正 反 正 正 正 反 正 正 反 反

注意前五次抛掷，有四次都为正，与50：50相差甚远。但随着次数增多，结果也就越靠近期望值。只抛掷10次还不足以得到接近50：50的结果——这不算是“大数”。但60：40的结果的确在靠近这个期望值。在做这个实验时，我发现了很有趣的一点，如果我抛掷的次数为奇数，那么我永远不可能得到50：50的概率——正反面的其中一面，其次数总会多一些，所以一定要注意实验所使用的样本量大小。

伯努利使用的是稍微复杂一些的例子来进行预测。他想象，一个罐子装满了黑色和白色的石子，恰巧白石子3 000块，黑石子2 000块。但我们对此并不知情。我们从罐中抓取一些石子，并清点两种石子的总数。在伯努利的例子中，每次抓取石子后，都要将石子装回罐中，并将石子摇匀。他发现，抓取的石子总数达到25 500块时，有99.9%的把握能确定白石子和黑石子的比值为3：2，该比例可上下浮动2%。

伯努利所给的例子或许不那么实际，但却是我们预测未来和概率的基础。我们以为大数能无风险地确定随机性，然而问题依然存在，在真实世界中，混沌随机随时都可能半路杀出。拜一些始料未及的化学或核反应所赐，所有的白色石子都可能一不小心突然变成黑色。或者，更现实一点，我们摇罐子来混匀石子时用力过猛，罐里的石子击穿了罐底，罐子里不剩一粒石子。混沌随机或许无法用数字预测，但我们能确切知道，混沌随机时有发生，或好（如《哈利·波特》）或坏（如金融危机）。

世界骰子 分布结果

我已经多次提到分布在经典随机中的重要性，但没有真正解释其含义。在经典随机中，我们无法预测单一事件或结局会如何。比如在雅各布抓取石子的实验中，我们完全无法预测抓取到的石子是黑色还是白色。但我们能知道的是，不同概率的分布一定遵循某种特定的、符合事实的方式。我们可以用简单的条形图来表示这些石子——白石子高度为3 000，黑石子高度为2 000。同理，抛掷硬币的分布型为两条完全相同的柱状图，一条表示正面，一条表示反面。但这并不能告诉我们在抓取石子或抛掷硬币时结果如何。但如果我们重复抓取一些石子并画出黑白的比率，就能得到更多信息。

许多经典随机的例子都遵循正态分布（normal distribution），也叫做钟形曲线或高斯分布（Gaussian distribution）［尽管伟大的德国数学家卡尔·弗里德里希·高斯（Carl Friedrich Gauss）并没有发现分布的重要性，只是承接了法国数学家亚伯拉罕·棣·美弗（Abraham de Moivre）的成果］。这些值组成的分布图形像是一口钟的剖面。曲线的中部是峰值，两边各自垂下来，先慢后快，直到概率非常小时，再缓缓向两边延伸。若正态分布适用时（正态分布并不适用于所有的经典随机），那么我们可以期望，大部分事件或测量值应该集中在中间部分，而越往两头走，事件就越少。

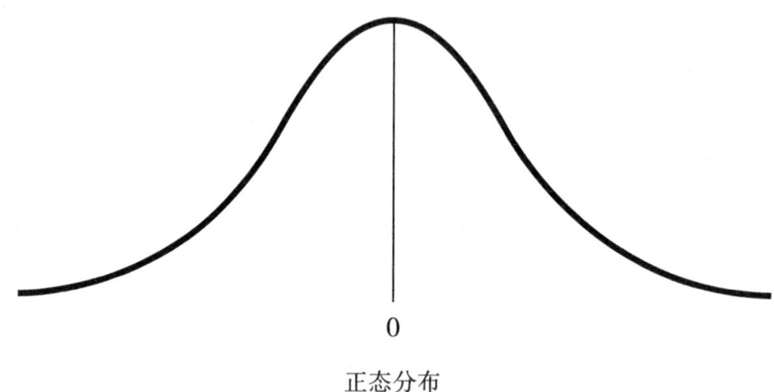

正态分布

钟形曲线并不能直接应用于雅各布的罐子，或是抛掷硬币的实验。但如果我每次抓取出的石子数固定（比如50），并重复一定抓取次数，那么每次抓出的石子中，白子与黑子的比例将遵循正态分布，以2/3这一平均值为中点。如果我们想知道某种假设的真实性有多高，那么我们可以通过计算钟形曲线的标准差来衡量该曲线的伸展情况，对真实性进行预测（始终假设我们处理的是经典随机问题）。例如，2012年欧洲核子研究委员会（CERN）宣布他们发现了“五个标准差”的类希格斯玻色子，其含义是，如果不考虑希格斯玻色子的存在，而是将其作为随机发生的事件，那么该事件的值与平均值相差了五个标准差。这等于是说该随机事件会在1 000万次测试中发生3次。

关于正态分布，有一个简单例子，就是测量手机重量。大多数手机的重量会在100克至120克之间。手机重量的平均值即为曲线的中心，两端分别向左右延伸。一些手机非常轻，一些手机却极其笨重，但曲线的“两尾”越延伸，概率就越低，且概率下降极快。要找到一部手机重量为10克或200克，概率都相对较低[①]。物理学和自然界的许多情况都符合此分布，因此这就能帮助我们理解如何预测几十亿气体分子所产生的气压等现象。但我们必须始终确保正态分布能适用于所分析的情况，也要确保我们处理的不是混沌随机。

若正态分布的确适用，那么我们也可以预期均值回归（regression to the mean）。这一现象由维多利亚时期的科学家弗朗西斯·高尔顿（Francis Galton）首先发现，换个角度来看，该理论其实是一种常识。我们可以这样简单地理解均值回归，如果我们在分布中观察某一项，且该项为极值，那么观察第二项时，其结果将会更接近平均值。因此，假如父母的身高非常高，孩子的身高通常会比父母更趋近于平均值。这并非什么出人意料的事——如果某个值为极值，在正态分布中概率很低，那么下一个值很可能会更接近分布的中心值。如此，当我们在观察某服从正态分布的值随时间变化时，我们就有一定把握预测接下来将会发生什么。

然而，均值回归也有潜在的危险，因为它能让显而易见的原因显得毫无根据。例如，英国的“事故黑点”（accident black spots）——事故

---

① 译注：笔者在写作此书时，显然未预料到手机行业的发展方向与手机商的底线。200克的手机如今已毫不罕见。

多发地常立有警示标识，上面写着“过去五年共发生27起事故”等警示语。通常，人们会认为此类警示语能减少交通事故，因为在立起这些警示牌后，该地点的事故数量有所下降。但我们来看看，倘若这些警示牌没有任何作用——甚至不立警示牌——会发生什么。

假设，路段的任何地方都会随机发生交通事故。我们并不会期望事故发生会完美地平均分布——如果事故像散落在地板上的玻璃珠一样平均分布，便不是随机事件了。因此，某些地方事故频发，而另一些地方则事故相对较少。事故频发没有别的原因，完全由随机性的本质所致。按照均值回归的规律，在接下来的时间里，以前事故频发的路段，事故数量会接近均值——比之前的事故数量更少。因此，即使我们什么都不做，事故数量也会下降。你当然可以立个警示牌，但这只是在浪费钱罢了。当然，某些路段的事故数量高于平均值的确有其原因。但我们并不能就此认为，该路段在某段时间内成为事故高发地就一定存在着某个原因。

在前几章中，我们奠定了探索这个荒谬世界的基础。在经典随机中，概率表示某事件发生的可能性，统计学让我们能将许多具有随机行为的事件组合起来，形成一个可以预测的整体。但无论何时，我们都要提防混沌随机这头潜行的怪物。只有在各随机事件（如每次抛掷硬币）相互独立时，经典随机才能适用。但在真实世界中，几乎没有事件会彼此间相互独立。这也是天气难测的原因之一——每件事情都在相互影响，结果便一片混乱。现在，我们的世界由社交媒体连接起来，越来越紧密，一个惊人的后果便是，我们越来越难找到真正相互独立的事件和行为了。脸书（Facebook）和推特（Twitter）让混乱大放异彩。

然而，在我们着眼于这个运转于真实与混沌随机之中的世界之前，我们需要后退一步，回到文艺复兴时期。那时，解放新思想的科学家们认为他们从事的事业要将随机性完全移除，揭示出一个如发条装置般秩序井然的宇宙。

5 机械宇宙

自文明出现以来，人类总想通过类似科学之类的手段，将心中所想强加于自然界。最开始，这些都是宗教活动。因此，太阳东升西落或天空突然划过一道闪电都会被解释为神灵驾驶马车穿梭于天际，或是向人类发难，用霹雳闪电以示惩戒。但早在公元前约624年至公元前546年间，以泰勒斯（Thales）为首的古希腊人就已经给了我们另一种模型来思考世界。

后来的希腊哲学家亚里士多德（Aristotle）在回顾泰勒斯时，将泰勒斯看作了“此类哲学的奠基人”，其中“此类”指的是尝试寻找事物“质料因”（material cause）的哲学。亚里士多德将泰勒斯与他的后继者们称为“自然哲学家”（physikoi）或物理学家，以此来区分他们与“神学家”（theologoi）。早期希腊哲学家所做的事情，以现在的眼光来看其实算不上科学，因为他们没有在实验或观察上花多少心思，但是至少他们在物质世界中寻找着规律，而没有寻求神灵的踪迹。

古希腊有两条关于物质构成的理论，是不错的例子。在希腊人的理论出现以前，东西就只是东西。水即水类，肉即肉类，以此类推，相当含糊不清。没有解释这些事物的范式。而希腊人提出了两个范式。范式一为公元前五世纪哲学家恩培多克勒（Empedocles）为主提出的元素，即世上几种绝对重要的物质——土、气、火、水，它们组成了世间其他万事万物。早期的希腊哲学家认为万事万物的基础只有一种物质，即“元”[arche，这就是“原型”（archetype）单词的一部分]，但恩培多克勒的观点更多地建立在现实的经验之上。例如，点燃一块木头，便有了火和热气（有时会渗出树液），最后剩下土壤一样的灰烬。

范式二的理论来源于另一种观察方式。恩培多克勒的两位同时代人，留基伯（Leucippus），尤其是他的学生德谟克利特（Democritus），想到了将事物切成块状，不停地切，越切越小，直至最后无法再继续切割，得到的即“原子”（atomos or atoms）。他们认为，这些原子在虚空中上蹿下跳，偶然结合到一起，便形成了自然界中我们所能见到的各种事物。

奇怪的是，在这两个范式的理论中，错误的那个反而更像是真正的科学理论。诚然，恩培多克勒和德谟克利特两人都提出了假设，然而按照古希腊的风格，决定他们孰是孰非并不是靠实验，而是靠争论。同时，原子的理论并没有揭露太多有关物质本质的问题。在最初的版本中，所有的原子成分都相同——“元”，但各自的形状不同，也就意味着，只有形状相似的元才能相互组合。因此，根据元的形状不同便有了芝士原子、水原子、人原子——但这一范式并不能使事物的纷繁冗杂得到简化。

相比之下，尽管与事实相去甚远，但四元素理论（Theory of four elements）的确简化了上述情形，清楚地描述了四种成分混合、匹配、形成各种物质的方式。这或许不是事实（实际上反而与事实背道而驰），但四元素理论是采用范式来简化并理解现实的良好例子。

文艺复兴到来了，古希腊人开创的这种思想也进入了全新的维度。大学里依然在教授经典方法，科学僵化成了一种信仰。但以伽利略为代表的一批新思想家，已经做好了准备来质疑古代圣贤的学问，并要基于观察和实验来创立新的假说。伽利略并非坐在沙发上空谈理论，而是的的确确做起了实验。诚然，他或许从未真的在比萨斜塔上做过著名的自由落体实验（这似乎是他的助手在伽利略晚年时捏造的故事），但他的确做过大量观察性实验。就在伽利略过世后不久，新一代科学家［当时并不叫做“科学家”（scientist），因为该词汇直至19世纪30年代方才出现］的典范，杰出、伟大的思想家，艾萨克·牛顿（Isaac Newton）诞生了。

世界 骰子 牛顿解读的宇宙

牛顿物理学不仅为我们带来了简单易用、可预测轨迹的牛顿运动定律，也让我们更好地了解到彩虹七色如何组成了白光，它更以全新的范式将宇宙带入了一个更容易理解，也更容易掌控的体系。牛顿通过推动数学的发展，来解释大至行星轨道、细至最微小的尘埃的移动方式，从此用神明之力来解释宇宙现象的时代成为历史。世界运转不靠天使推动，世界秩序亦无需上帝旨意维持，牛顿展现的是齿轮发条般的宇宙，其间的一切都按部就班地运转，可以进行预测，没有任何事情会真正地随机发生。

鉴于牛顿的数学让我们不再需要用超自然的力量来掺和宇宙中的日常现象，但牛顿理论中至少有一条，其本身却被当作了神秘力量而受到攻击，这也太讽刺了。这位数学天才在一次灵感爆发中，撰写了《自然哲学的数学原理》（*Philosophiae Naturalis Principia Mathematica*）——这部凝重的巨作也收录了他的运动定律和万有引力定律。以现代的眼光来看，这本书几乎就不具有可读性，本可使用更为简单代数的地方，他却大量地使用了几何计算，但它却毫无疑问地履行了预测物体运动方式的作用。然而，牛顿却未能解释引力如何远距离发挥作用。问题出在牛顿使用了“吸引力”（attraction）一词上，这本是他用来表达保持地球围绕太阳旋转的作用力，却被他的对手们当作小辫子来问难。

在现在看来，“吸引力”一词再平常不过——重力产生的吸引力已经成为了我们常识的一部分。但在那个时候，“吸引力”一词还不具备我们意识中的科学含义，它只表示男女两性之间的吸引力，是一种生物学作用，而非物理学作用。在挑剔牛顿的人看来，牛顿的想法无异于说地球和太阳相互爱慕（如果要说爱慕，其实月球和地球更为符合）。只要看看牛顿的两名伟大对手，荷兰科学家克里斯蒂安·惠更斯（Christiaan Huygens）和德国数学家戈特弗里德·威廉·莱布尼茨（Gottfried Wilhelm Leibniz），对牛顿成果的回应，便可见一斑。

对牛顿的观点提起批评，成为惠更斯自然而然的习惯，因为困惑于“吸引力”一词的用法，让他很不喜欢牛顿这位伟人。他对（牛顿）构建于他的引力论之上的“理论”不屑一顾，在我看来这很荒唐。至于莱布尼茨这位卓越数学家，他和牛顿因争论谁第一个发明了微积分，就谁剽窃了谁进行了一次大型论战。莱布尼茨认为，牛顿的概念是一大退步。莱布尼茨驳斥了两个天体相互吸引的可能性，称吸引力“退步回到了玄秘的计量，甚至还更恶劣一些，退回到了无法阐释的计量”。

有别于如今我们对黑魔法的看法，莱布尼茨他们认为吸引力既看不见、摸不着，又没有明显的形成因素，因此他们认为这个理论玄之又玄。莱布尼茨很清楚，要远距离地引发某一事件，就必须有东西从A点传递到B点。比如，我们要听见房间内另一人的谈话，就必须有说话人的声带发出的压缩波，经过空气刺激到听者的耳膜；要把铁罐从栅栏上敲下来，就必须有东西穿过两者中间的空隙，把铁罐从栅栏上移开。人不可能仅仅用眼神和意念就让上述事件发生。然而牛顿却说，哪怕行星、恒星等星体之间相距遥远，它们仍能相互影响，而且不需要在两者之间发生事物的传递。

就连牛顿自己也对此感到不妥。尽管他在《自然哲学的数学原理》中声称自己对引力的作用机制“没有提出假说”，但实际上，他认为大质量物体之间存在某种看不见的粒子流，这些粒子不断流动而产生了引力。在爱因斯坦掺和此事之前，最广受支持的万有引力成因，应该就是这类机械理论了。通常观点认为，宇宙中处处有特殊的引力粒子流在流动。因为较重的天体会通过屏蔽而减少到达附近天体的粒子数量，所以附近天体接收到的粒子更少，并会受到另一侧该粒子产生的推力而向较重的天体移动。吸引力便如此产生了。但还有很多细节需要明确（比如，为什么引力取决于天体的质量而非大小），但至少这个理论终结了那该死的玄秘力量。

但最后，牛顿的数学理论奏效了。它准确地预测了运动物体和沿轨道运行物体的行为，非常成功地描绘了一幅与现实相符的机械化宇宙的图景。显然，这种吸引力的出现有其原因或促成因素，有朝一日，这个原因迟早会被人类理解，但在未理解其含义之前，如果我们忽视了牛顿的数学原理，那就太失礼了，因为这一原理对真实发生的事件做出了简练而准确的预测。对于许多实用主义者来说，牛顿的数学原理便是“别管它为何能解决问题——它能解决问题，我们就拿来用好了”。

这类实用主义者中，最伟大的可能要数拉普拉斯侯爵，即皮埃尔-西蒙（Pierre-Simon，the Marquis de Laplace）了。在同时代的眼光中，这位法国数学家、科学家对牛顿的成果抱有非同寻常的热情。由于牛顿和莱布尼茨在微积分上的争论，以及惠更斯和笛卡尔提出的光的构成是粒子而非波的观点，欧洲大陆的许多哲学家都对牛顿这位英国佬的观点持谨慎态度。他们接受了牛顿在运动定律方面的杰出成就，但却不敢全然信任牛顿理论中的细节。然而，拉普拉斯侯爵本身就是一位才华横溢的数学家，他将牛顿那启发性的宇宙观带入到一个全新的层面。

世界骰子 无需那样的假说

牛顿知道，他对运动和引力的解释应该足以让宇宙运行摆脱神灵的干涉，然而与此同时，他还是一名非常虔诚的信徒，他希望在现实世界正常运行的过程中，上帝仍能有一席之地。在宇宙的稳定性问题中，他为上帝找到了这样一个位置。当简单地将数学原理应用于宇宙时，这个问题就会出现，宇宙在计算中会崩溃。牛顿首先构想了一个有限宇宙该如何表现其行为。如果一颗行星或恒星靠近这个有限宇宙的边缘，对该天体而言，朝向宇宙中心那个方向存在有更多的天体，因此它会受到朝向宇宙中心的强烈吸引力。那么，宇宙应该从边缘向内坍缩。

为了避免这一明显无法避免的宇宙坍缩问题，牛顿假设了宇宙无限(在当时这一说法存有争议)。如此，宇宙便无边无际，无论天体处于宇宙何处，都会有大量其他天体从各个方向对其产生吸引力。然而问题依然存在：这样的宇宙能稳定存在，一切事物都必须各安其位，固定在上帝创世时放置的原始位置。但某些天体必然会稍微偏离其位置——在某个时刻，它们会开始漂移——宇宙坍缩又发生了，只不过其速度会慢很多。

牛顿只想到了一个办法来解决这个问题，就是承认上帝存在，时不时温柔地拨弄一下这些天体，确保每件东西都处于正确的位置，以免宇宙坍缩。然而在拉普拉斯看来，宇宙不需要上帝存在，因为天体本就没有漂移的空间。宇宙完美的机械性体现在每个天体、每次运动上。传说中，拿破仑问拉普拉斯为什么他的哲学中没有提到上帝，拉普拉斯回答道：“我不需要这样的假说。”

拉普拉斯认为，宇宙中不存在随机影响，故不需要上帝充当保管员，时时刻刻地修正着天体的位置。他的确将宇宙想象成了一个巨大的发条装置。如果有人能理解宇宙中的每一个齿轮和环节，完全了解宇宙中存在的每一个粒子，那么这个人就应该能预见宇宙中一切事物的行为，直至永远。因此，在拉普拉斯的宇宙中，没有给不确定性留下任何存在的缝隙。

拉普拉斯非常明确指出，有了充分的数据、无限的认知和分析宏量信息的能力，便有可能预测整个宇宙的未来运行轨迹。他写道：“如果有某位智者能够洞悉支配自然界的所有力量和组成自然界的物体的相互位置，并且这位智者的智慧足以对这些数据进行分析，那么对于给定的某一时刻，这位智者就能用同一个公式来概括宇宙中最大天体和最小原子的运动。在这个公式中，没有不确定的量，未来同过去一样都历历在目。”

乍一看，拉普拉斯的构想中蕴含着必然与宏伟。我们知道，一切事物——甚至包括人类的身体和大脑——均由一个个无生命的原子组成。在这些原子层面上，没有所谓的“生命”“意识”或“决定”等事物。在拉普拉斯的世界里，这些原子遵循物理定律，由物理定律决定其每时每刻的变化。如果能捕捉到宇宙中每个原子的每一处细微的数据，我们就能写出让宇宙运转的计算机程序。

有了足够的资源，我们便能无休无止地运行这个程序，如此我们便可以准确地预测无尽的未来时光，将会发生什么。这的确是个宏伟的愿景——但也令人沮丧。在拉普拉斯的世界里，没有自由意志的空间。宇宙形成之初，万物被赋予了初始条件，所以无论是现在，或是100年之后，将要发生的事件便已经确定。从那时开始，每个原子已经踏上自己的必经之路，按部就班，没有干预的可能，也没有改变的希望；随机无法影响它，无论多宏伟的计划也无法干扰它。这刹那定义了永恒。

倘若真是如此，人类对于自己的行为便失去了真正的选择权。逃离这种情况的唯一办法，便是信任古希腊人提出的一个概念。17世纪法国哲学家勒内·笛卡尔（René Descartes）给了这个概念形式，并得到了拉普拉斯的认可。这一名为“二元论”（dualism）的概念认为，人类由两个独立的部分组成——机械化、物质构成的躯体与超脱自然、超脱物质的心灵（在宗教中，也可等同于灵魂）。此处所谓的“超脱自然”的心灵，特指其脱离了自然界，而非恐怖影片中的灵异事件。

倘若人类能简单划分为心灵和躯体，那么宇宙或许也一样，其物质部分遵循着牛顿机械理论的必然，而独立存在、超脱自然的人类心灵与思想则不受机械理论的束缚，并且可以驾驭物质世界，打破机械宇宙的桎梏。但心灵要驾驭躯体，便要与躯体有一定连结，这也是这一理论中最为薄弱之处，因为这就要求自然之物与超自然之物之间、物质与非物质之间存在相互作用。笛卡尔怀疑，位于大脑中心的松果体就是人类躯体与心灵的连接点，但现在我们能肯定这是一个错误的观点。

历史长河中，大部分人（包括当前活着的大部分人）都秉持着二元论观点，因为这是自然而然的常识（但这并不代表二元论正确。自然而然的常识也说过太阳绕着地球转。）即使是最成熟的现代哲学家，也无可避免地认为自己的“本我”是某种独立于其控制的身体的另一事物。你自己思考一下，便会发现你自己也是如此。所有人都不可避免地想象出某种精神存在，或许就存在于我们的双眼之间，通过大脑以某种方式牵动着控制杆，让我们的身体运作起来。然而，当今大多数科学家认为人体并不存在这样的二元性，人的思想只是大脑的化学与电生理产生的一种功能。

需要强调的是，这种将人类描述为“肉身机械”的观点并不能在科学上得到证实，而且目前我们还无法很好地回答意识的本质是什么。的确，否认二元性与世界上所有的宗教都背道而驰——当然也包括那些认为我们拥有灵魂，或死后依然可以存在的宗教。然而，倘若不存在二元性，支持“思维作为大脑功能”观点的人会指出，除了我们的主观感受，同样没有证据证明心灵与躯体能够分离——那么，以拉普拉斯的世界观来看，任何人都无法逃离物理定律铁则般的预言。[拉普拉斯所提出的观点通常被描述为“决定论”（determinism），他认为，初始条件和系统规则从一开始就完全决定了事情将如何发展。]

毫无疑问，牛顿数学理论的精确性又让我们对宇宙运行方式的领悟上升到了一个新的高度。当然，我们人类并不是拉普拉斯所认为的“智者”，“能够洞悉支配自然界的所有力量和组成自然界的物体的相互位置”。我们既没有这样的数据，也没有计算能力来预测整个宇宙每分每秒的进程。但是牛顿似乎说过，这在理论上可行。不过目前，我们还是从简单的开始吧。

我们先来看一个非常简单的引力系统：只有两个天体相互作用——比如地球围绕太阳或月球围绕地球运转——不考虑其他任何影响，那么牛顿的数学理论的确为我们提供了准确预测未来的方法（限定于爱因斯坦在后期的广义相对论中所揭示的局限性内的方法），适用于任何时刻。毫无疑问，宿命论支持者认为，这无非就是一个又一个地加入天体、加入细节，直到我们完成了整个宇宙构成形式的总体规划。然而，这一条基于机械宇宙形成的宏伟想象，却很快就被现实阻断，戛然而止。

哪怕只在这个“二体”系统内再添加一个天体，一切就天翻地覆了。

6 三体足矣

在尝试计算“发条”宇宙的运动时，自然地便会从地球与太阳开始考虑。但然后呢？为什么不将天空中另一个引人瞩目的天体——月球加入其中呢？这样我们就得到了三体系统。地球围绕太阳运动，月球围绕地球运动。这是真实太阳系的简化版本，它真实存在，而且相比二体系统的行为预测，它明显更为复杂，需要处理更多数字。然而这还称不上是最重大的挑战。至少，科学家和数学家们还能成功地用数字描述这个三体系统。

牛顿是第一个认真考虑这个问题的人。他取得了一些初步进展，但却发现这个问题并不像一开始看起来那么微不足道。很明显，地球和太阳都在影响着月球的运动。然而，为了简单地计算这个影响，就要假设两个大天体自身没有受到月球的影响。但事实却相反，月球对地球和太阳都有引力，这会让两个较大的天体发生位移、与我们认为它们应在的位置发生偏差，并会改变它们的运动方式。但这也就意味着，它们对月球的影响也发生了变化——彼此间影响的变化将没完没了。

当仅需考虑两个天体时，阐释这二者之间的相互影响就相当容易，但若需要考虑三个天体时，另外两个天体对第三个天体轨道的扰动会导致混沌随机发生，而这种随机性无法准确预测。在《自然哲学的数学原理》中，虽然牛顿将这个问题进行了拆解，分析了问题的元素，却未曾从整体上着手。例如，他尝试了计算“太阳干扰月球运动的力作用”，此时他只将该影响单独挑拣了出来，而未将整个系统纳入考虑。

一个混乱的钟摆，几个连接处相互影响，
呈现类似于三体系统中混乱互作的范式

其实人们很早就发现在三体问题中，结果难以预测，甚至不可预测。因为自同一起点开始，瞬间就会产生许多不同状态，所以很难准确地预测下一刻会发生什么。而数学家在解决三体问题时（甚至是在解决太阳系这样多于三体的系统时），必须诉诸近似值。

若有足够的计算能力，上述近似值便非常不错了。阿波罗计划中往月球飞行时，使用的便是基础的牛顿物理学和近似值来处理阿波罗飞行器的航行，其中包括了太阳、地球、月球以及其他行星（尤其是巨大的木星）对航行的影响。在月球着陆器按计划降落在月球表面、随后又返回地球的过程中，这些近似值表现不错。但这并不是拉普拉斯对机械宇宙的完美预言。对未来的推测越长远，数学给出的预测结果便越远离现实。因此，近似值只在相对短期内才有效。

若在这些场景中再加上相对论（relativity），事情将会变得更复杂。相对论本身能追溯到伽利略时期，该理论仅仅表示运动的存在需要“参照系”——准确地表述是，相对于某事物，我们在运动吗？或许我们很容易看出什么物体在运动，什么物体处于静止状态，但这只是因为我们通常会把地球看作参照系。例如，你坐在椅子上，或者在其他什么地方读这本书的时候，相对于座椅，你或许就处于静止状态。不过也有例外，如当你处于火车上或飞机上时，座椅相对地球就处于运动之中。类似情况，还有地球本身相对太阳或宇宙中的其他位点的运动。因此，伽利略告诉我们，整个运动的概念都要相对于某个参照系。这就是相对论。

世界骰子 相对论变得狭义

1905年，爱因斯坦将此理论进行了进一步发展，提出了狭义相对论（special relativity）。多亏了苏格兰物理学家詹姆斯·克拉克·麦克斯韦（James Clerk Maxwell）发现了光是由电和磁相互作用而形成的本质。电运动产生磁，磁运动产生电。但电和磁的运动速度都必须达到其能够自举的条件，即光速（真空中约30万公里每秒），才能自我维持下去。

这给爱因斯坦带来了一个有趣的挑战。爱因斯坦想象自己沿着阳光的光束飘浮，以想象中飘浮的爱因斯坦为参照，而相对论认为阳光处于静止状态，这就意味着阳光并不存在——因为电场静止时，无法产生磁场，没有磁场，又无法产生电场。依照这种想象，一旦有人发生了运动，其周围的光就应该消失——这看上去非常奇怪。

这一悖论迫使爱因斯坦的想象进一步飞跃。他想，倘若光与宇宙中其他物质都不一样呢？倘若无论观察者是在靠近光，或是在远离光，光都永远以相同的速度运动呢？事实上，光不遵循相对性，只顾其自己的运动。如此一来，无论观察者如何运动，无论观察者选择的参照系是什么，光都照常以自己的速度运动。

如此运动的光，就具备了在我们相对论宇宙中得以存在的特征了。但这是要付出代价的——巨大的代价。如果把光的运动带入牛顿提出的基本运动方程和能量方程，光就改变了运动的物体。任何物体一旦运动，便会发生三件事。首先，无论运动速度如何，运动中的物体质量都会上升，除非以大比例于光速的速度运动，否则很难发现物体质量的变化。然而，只要达到一定极高的速度，质量便会飙升。因此，物体的运动速度趋近光速时，物体的质量便趋于无穷大。

质量增大的定律也是我们无法在飞行中无限增速、超过光速的原因之一。越是接近光速，加速所消耗的能量就越大，因为能量消耗与物体质量成正比。因此，要突破光速，就需要无限的能量（但也许有办法避免）。

除了质量增大，我们还可以得出运动物体在其运动方向上越来越短或越来越薄，不断地收缩，最后在达到光速时变得无限薄。其中最奇怪的一点，则是运动物体所处的时间会越来越慢，最后在达到光速时停止。这些都是相对论的效应，是我们在运动物体的参照系上所观察到的现象。倘若你就是那个运动物体，你并不会观察到这些现象发生在自己身上。事实上，因为所有的运动都是相对性事件，所以在你眼中，你自己已完全处于静止状态，是世界在围绕你运动，你会发现你周围的其他事物正在发生上述改变。

世界骰子　永恒的三角

现在，我们回过头来看看三体问题。体系中的天体在运动——这是问题的关键。所以正因为这个运动，当以每个天体为参照系时，另外两个天体的质量均在增大。在太阳、月球、地球的相对速度中，这种效应可以忽略不计，但如果是拉普拉斯的完美观察者关注了这个问题，这种效应又确实存在，这也就意味着在原本就非常棘手的计算中，又增加了一个变量。而要计算以接近光速运动的天体则更是麻烦，因为天体在运动中增加的质量变得非常显著，也就让描述所发生事件的整个方程组有了更高深的复杂程度。若是狭义相对论也参与其中，则更是如此。唯一可行的办法就是某种近似法；不过，近似值也可能会越来越精确。

这或许有些奇怪，我们可以在相当精确的水平上进行近似计算，却始终无法达到最后一步，即得到最终的准确值。为了一探究竟，我们不妨对比一下两个截然不同的无穷级数——无穷级数是具有无穷级数条目的数值列表组合的结果。

1+1/2+1/4+1/8+1/16+1/32+ …的和，就是很简单的一个无穷级数。

我们能够说出，这个数式的和最终会趋近于2。如果我们列出了整个无限数式的所有分数（这在现实世界中不可能实现），我们便能得到准确值2。所以即使我们无法求出准确的总和，我们也能准确地预测整个数式趋向的值。即使我们无法在现实中完成求和，也可以精确预测求和的结果。我们来看看另一个相对简单的无穷级数：

2/1×2/3×4/3×4/5×6/5× …

我们不难看出后续数列是什么，这个式子我们想列多长就列多长。第一个分数分母加2得到第二个分数，然后分子加2得到第三个分数，再如此循环。在某种意义上，我能告诉你这个式子的精确结果，但不是以数字的形式。整个无穷级数的乘积应该为π/2（π为圆周率，是圆周长和直径的比值）。式子中乘入的项越多，乘积越接近π/2。但我们不能说这个式子就趋近于某个数值，这个式子的结果永远无法精确预测。我们可以求到这个式子任意精确度的近似值——比如π就已计算到小数点后几百万位了——但在此类计算中，我们永远无法得出这个式子最终的确切值。这就叫做“超越数”（transcendental number）。

同样，在三体问题中（或叫做“n体问题”，此时的体系中存在三个以上物体），我们也无法算出最终值。在计算能力足够强大的情况下，我们可以计算出任意精确度的值，但我们永远无法计算出其最终的确切值。

我们在下文会谈到，在拉普拉斯的可预测宇宙中变成问题的现代物理学理论中，相对论并不是唯一的，量子理论也为预测加入了其带来的负担——随机性。即使是最基础的量子粒子水平，也会因为三个量子粒子的相互作用而变得更加复杂。该情形中，问题在于完全有可能突然出现新的粒子对——物质和反物质，很快发生碰撞、湮灭，然后恢复到纯能量状态。这些都没有太大问题，但这意味着在某个时刻，三体系统中不止有三个粒子存在，并会轻微改变原本三个粒子的位置。再加上一些额外的干扰，更是让行为预测的结果只能得到近似值。

对于这个传统的三体问题，有一些不彻底的解决办法。法国数学家约瑟夫·路易斯·拉格朗日（Joseph Louis Lagrange）研究了一种三体系统，其中两个天体比第三个要大得多。在这种情况下，就能确定两个大天体引力会在哪些位置达到精确的平衡，足以让第三个天体保持在轨道上。这些特定的位置便被称为拉格朗日点（Lagrangian point），此时方程便有精确解。此体系中，总共有五个拉格朗日点——其中两个点上，小天体与两个大天体形成等边三角形；一个点位于两个大天体之间；还有两个点在两个大天体直线的两侧延长线上。

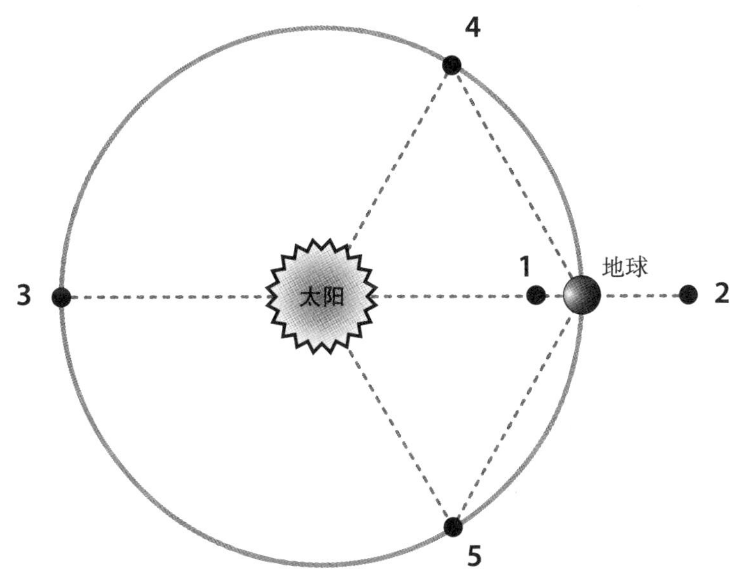

地日体系的拉格朗日点

人类对地日体系的拉格朗日点有着特别的兴趣。像地球围绕太阳轨道这类近似圆形的状况，拉格朗日点基本会真实存在（若轨道更偏向于椭圆，这些点则散布成了不精确的块状区域），并为人造卫星提供了可以停泊的稳定区域。因为其他行星的影响，实际的地日体系更加复杂，但拉格朗日点仍然在混乱的引力体系中较好地逼近了安全岛的条件，尤其是图中正处于两个等边三角形顶点的“4”和“5”。

在一般的三体问题中，一旦在初始的两个天体中加入了另一个天体，我们便会发现，初始条件中引入的细微差异将会导致结果的巨大改变。随着时间的推移，预测便越来越困难。

这正是混沌发动进攻的最佳条件。

7 混沌！

想象你站在某个特意构筑于山脊上空的平台上，这个平台就是一块巨石，被一台吊车绑住吊起来。你面朝着尖耸的山脊，从山脊的两侧望下去，两边都是村庄。山势陡峭，如果你所处的巨石向某一侧落下，那一侧便会村毁人亡。将巨石的重心向悬崖左侧移出一厘米，朝北面的村庄落下，那里便将遭受灭顶之灾，而另一侧村庄则安然无恙。但如果再将巨石向悬崖右侧移动两厘米，那么毁灭的则是南面的村子。初始条件如此轻微的改变，结果却如此截然不同。不过两厘米的差距，便决定了孰生孰死。

（好在）这是我们的想象，它在现实中不可能存在，但该情景却很好地阐释了混沌的本质特征。初始条件的微小改变（在此情景中即为巨石在山脊上的精确位置，如果只是用肉眼去对齐巨石与悬崖的位置，那么其改变可以微小到很难分辨），便会使结果天差地别。因此，要有一定把握地预测接下来将要发生的事件，成为了不可能的事。

此类混沌的概念出现于早期预测天气的计算机的计算过程中。美国气象学家爱德华·洛伦茨（Edward Lorenz）建立了一个简单的模型（至少以现在的眼光来看是简单的模型）来预测天气模式随时间的变化。跟计算机处理中常发生的情况一样，在精确度上，电脑输出的数据比真实模型中的数据低。例如，原本需要计算的数据为0.349 456，而计算机或许为了节省纸张，只印出了0.349。

洛伦茨想要重新创建一次运行过程，从中间某步骤开始运算他的模型，因此他小心翼翼地将纸上的数据作为模型的起始数据进行了输入。

他输入计算机打印输出的那些四舍五入的值，与计算机之前运算的数据有细微的差别。而洛伦茨也认为这点差别对结果的影响应该微不足道。就好像你在使用卫星导航时，你定位的不是车在车道上的确切位置，而是车道旁边的街道坐标一样。这样的微小改变不足以影响结果。然而随着洛伦茨模型的运行，它在大量细节上迅速偏离了之前的预测。

初始值的小小变化（在本例中，只是小数点后保留位数不同，最多只有千分之一的差异），结果大相径庭。洛伦茨从未想到过这样的结果。他所输入的信息，如气压或气温，在测量时都绝对不会精确到这一水平之上，所以他像计算机那样使用四舍五入的数据应该并不相关。但实际上，就是这些差异，造成了结果的不同。

洛伦茨发表了一篇题为《蝴蝶在巴西轻拍翅膀会使德克萨斯州刮起龙卷风吗？》（*Does the flap of a butterfly's wings in Brazil set off a tornado in Texas*?）的学术论文，微小改变对结局影响的最突出的公众印象借此成型了，此事全赖于洛伦茨本人。他提出的“蝴蝶效应”（butterfly effect）抓住了大家的想象力。然而事实上，这个问题的真实答案是“不会”。一只蝴蝶振翅所产生的影响太微弱，处于宏观系统中时，这种影响不会得到放大，而是会消散，因为龙卷风本身是一种典型的局域性气候系统。但这一想法的基本思路合理，也对气象预测这门科学产生了巨大影响，可以认为是我们尝试驯服混沌随机所作的最佳尝试。

奇怪的是，当人们发现天气以如此难以预料的方式发展时，人们的第一反应竟是欢欣鼓舞。预测天气其实只在人们理想活动排行榜上排第二。最理想的想法则是我们能够控制天气，让天气如我们所愿地运行，而并不仅只是对其进行预测。杰出的数学家、计算机学家约翰·冯·诺依曼（John von Neumann）在发现天气这脆弱平衡的本质时欣喜若狂，因为他最初想到的就是类似于本章开头所提到的悬于尖峭山脊上的巨石的行为。在他想象中，如果天气的平衡如此精细微妙，那么只要对气候系统稍加影响，就能容易地让天气按自己的想法发展。

但冯·诺依曼一开始并没意识到，天气并非像一个孤峰那样，而是群峰耸立。是的，我们可以改变第一个精微平衡的结果，但随后就会产生整整一系列新的、精妙平衡的结果，每个结果都有其自己的尖耸山脊。这就不同于在悬崖上选择把巨石推向哪一边了，而更像是在一个超级复杂的弹珠台中，轻轻地向侧面推了一下小球。

世骰界子 难以预测

描述这种情况的各种数学理论都被贴上了“混沌理论”（chaos theory）的标签。许多结果受影响于多因素的大型系统，都存在这样的混沌行为，包括我们提到的天气、书籍销售以及股市行为等。理论上，这样的随机性可以被拉普拉斯所想象的全视全知之存在驯服。它不是真正的随机，因为只要你知道的足够多，甚至精确到了小数的最后一位，并且拥有强大的运算能力，就可以确切地预测将来的事件。但在现实中，由于我们总是通过简化（通常是过度简化）的模型来解决问题，所以我们无法预见混沌随机所带来的重大结果，其后果就是我们一次又一次地惊慌失措。

我们早就应该预见到，人类会在自然界中看到混沌现象。混沌是我们日常生活中的经验。回想一下古老民谣所言，丢了一颗马蹄钉，最后导致了理查三世（Richard Ⅲ）死于博斯沃思战役（Bosworth Field）：

钉子缺，蹄铁卸；
蹄铁卸，战马蹶；
战马蹶，骑士绝；
骑士绝，战事折；
战事折，国家灭。
马蹄铁，成败也。

我们每个人都能意识到，小事件会在我们的未来演变为某种后果。从小时候的童话中，向可怜人施以小小善意，后来却发现那人是王子或魔法师，因而得到丰厚的回报；到如今电影《滑动门》(*Sliding Doors*)中，展现了格温妮斯·帕特洛（Gwyneth Paltrow）饰演的主角是否乘上地铁而导致的两种后果。小小的决定也可影响深远，但我们却很少能知道接下来一定会发生什么，对此我们已经甚是熟稔。我们日常行为的后果与影响，就如同天气、书籍销量、股市中那些研究过的混沌效应一样，但不知怎的，对于我们无法预知自己的未来，我们似乎更心安理得一些。

事实上，如果我们对于随机性感到不安，那么我们会对混沌感到加倍不安。经典随机至少可以通过足量的样本来预测。混沌则随心所欲，毫无预测性可言。我们向天气预报中输入的混沌随机参数越来越复杂，随时间推移还在积累。通常针对一两天的预报会相当准确，五天以内大概率不会出错，不过在实践中，预测结果会常常随时修改。但超出五天的范围，预测准确度便会下降。事实上有一点很奇怪，若是预测九天或以上的天气，其准确度还不如用当地同时段的天气类型所做的预测。

这听起来像是在控诉气象学家。比如十天后的天气预报还不如你根据当地气候来预测的准确，甚至还差得太多。这当中的问题就是：天气预报系统试图为造成剧变的气象反馈形式进行建模。不幸的是：这些反馈回路不仅采集准确数据用于输入预测系统，它们还会放大错误，因此在足够长的时间以后，模型便会与真实情况相去甚远。尤为奇怪的是，即使意识到了这一点，某些天气预报发布者依然在提供10到15天的天气预报，不过我们并不清楚他们用的是预测天气的模型，或仅仅只是根据当地的同时段天气情况来预测。

如果10日后的天气预测经常都不准确，那么尝试预测一个月以后的天气，无论其结果有多离谱也都不足为奇了。在第二次世界大战期间，美国运筹学、经济学专家肯尼斯·阿罗（Kenneth Arrow）为美国空军预报天气时便注意到了这一点。一组预报员试图进行30日天气预报，这正是我们现在知道的不可能完成的任务，因为有混沌存在。

因为阿罗有数学专业的背景，所以他分析了这些预报，发现这些预报的准确度就像是随机选取了几个预测结果一样，还不如根据当地气候来猜测天气准确。基于他的发现，预测小组想要放弃提供这种无用的天气预报。而他们得到的回应则是："总司令很清楚天气预报不准确，但他计划目的时，需要这些预报。"

奇怪的是，一些商业天气预报会故意使其准确度低于政府气象局的预报。这并不是因为商业天气预报的数据不行——他们通常能获取与政府相同的资源，只是他们通过特定的方式轻微改动了预测结果，使预测看上去更有吸引力。其中可能有两个主要因素。第一，他们倾向于避免中庸的预测结果。比如，如果有50%的概率会下雨，那么商业天气预报会倾向于避开50∶50这样的判定，以免被看作优柔寡断。

商业天气预报的第二个把戏，则是倾向于在模型预测出的降雨概率基础上再增加一些。玩这个把戏的原因很简单。与其预测错误说不会下雨，结果让客户在不期而遇的雨中被淋湿，还不如说会下雨，即便结果出了错，客户却意外地发现晴空万里。谎报更高的降雨概率不太可能惹怒客户，但客户却会因为意外淋雨而指责天气预报。毕竟谁会抱怨出乎意料的晴好天气呢？或许缺少雨水的农民会吧。至少对于那些希望从消费者那里赚钱的商业天气预报人而言，涉及这一类型的影响生活的随机性事件，心理战理所当然地优先于气象学的准确性。

你或许会想，既然天气预报的核心是混沌随机，我们何不完全放弃预报天气呢？但事实上，在过去的20年到30年间，短期预报的准确性已经有了大幅提升。撰写本书之时，已是英国受到有记录以来的最大风暴袭击25年后，而当时英国气象局却没能预测到这场飓风。现在，这样的事不太可能再发生了，因为如今的气象预测员已经接受了混沌的存在，而不再故意忽略它。传统的天气预报从未将混沌纳入考量，其统计基础与我们在轮盘赌结果预测中所用的方法相同。现在的天气预报已是大不相同。

气象预测员意识到了初始条件的微弱变量会导致结果不同，因而他们会运行一种“整合”的模型组，每一模型的初始条件都略有不同。然后，他们将预测的结果组合在一起，以之报告概率式天气预测。例如，倘若进行50次初始条件均略有不同、但相邻两次条件十分相近的模型运算，结果有30次预测有雨，有20次预测无雨，那么便可得到结果，即60%的概率会下雨。在实际转化应用至特定的天气预测中时，模型的整合工作会更加复杂，但这让我们在预测上有了大致把握。

骰子世界 下一本畅销书

天气是个了解得相对透彻的系统。我们对它进行了多年详细研究，也在进行过的观测类型及观测到的天气这两方面，收集了大量的数据。相比许多受人类影响的系统，天气相对简单。我们来看看另一个混沌系统：不同著作的销量，我们就将面对更加难以预测的困境。我们拿到了一些有关结果的数据——比如知道每部作品在何时售出多少册；但对于运转这个系统的多数变量，我们却掌握得少之又少，甚至很难确定究竟有哪些变量。

书本销量的影响因素中，显然包含其市场营销规模、书本在书店中的显眼程度、亚马逊等重要的线上商店给予的曝光度、媒体报道、书本口碑、社交媒体、可自由支配收入，等等。但我们应对的系统如此复杂，包括了所有购书者、书店、出版商等不同的变量，让我们尝试的任何预测都无异于猜测。

举个例子吧，我们来看看哪怕只针对一本书进行预测，会有多复杂。比如在某线上商店特别促销活动中，一本电子书从原价限时降价至99便士（约合人民币8.21元）。你也许会认为价格和销量之间具有简单相关关系，但事实并非如此。在这种类型的促销活动中，销量的增长可能会远远超过调价引发的预期增长。其中的重要因素之一就是曝光度增加了。不仅仅是因为这本书进入了特销区，所以更容易被看见，同时它还可能在电子书销量榜中排名上升，成为畅销书中的一员，因此会得到进一步曝光。这样的良性循环现象让我们更难预测接下来将会发生的情况。现在再将复杂程度从一本书提高到所有书，从一家书店扩大到所有书店，从某家电子书店的顾客放宽到更广范围的购书群体。就像天气一样，起始变量的细微改变会造成结果大相径庭，然而我们甚至不知道书本销量中究竟有哪些起始变量。此外，这些变量在数量上比天气的变量还要多得多。在这里使用整合预测模型组，简直就是异想天开。

随着混沌数学逐渐成熟，人们意识到它可以被应用于越来越多的情形，跨越广泛的科学学科。以某特定生态系统中新物种的数量为例。一旦生物学家克服了自己最初时对数学的恐惧，就会得出假设，一个物种通常会在最初时经历快速数量增长，然后出现一系列上下波动，最后趋于平衡。诚然，当生物学家尝试为这一类型的行为绘制模型时，模型图并不总是能达成较好的稳定状态，但在假设中，这些模型图最终会趋于稳定。

然而，如果我们的计算能力足够强大，数学也不太差，就会发现，在最初经历了相对稳定的波动阶段后，物种数量并不会趋于稳定状态。例如在繁殖力足够高的情况下，物种数量便会混乱地上下波动，这是因为繁殖能力与寻找到充足食物之间的矛盾。其实际情况就是，物种数量变化的概率会分为两种情况，两个概率情况本身又会各自分为两种情况，整个进程发生得越来越快；直到结果成为混沌。

另一个截然不同的领域中也有类似现象，并将分形（fractal）与混沌的代表人物——已故的伯努瓦·曼德勃罗（Benoit Mandelbrot），卷入纷争之中。当时，曼德勃罗还是一位年轻的数学家，就职于纽约约克城高地（Yorktown Heights）的IBM研究中心，他发现了一个奇怪的现象：收入分布方式与传统的数学分布并不相符，并惊讶地发现棉花价格分布也不循章法，与收入分布如出一辙。由于棉花价格从多年前就一直记录在案，因此是理想的研究对象。

在此前，数学家和经济学家印象中，棉花价格随时间波动这一类型的行为应当是对大环境长期和短期响应的综合性结果——从长期看，它响应了经济形势、新面料应用趋势，等等；从短期看，则是随机的上下波动。预期中，这些波动应符合正态分布——然而它们并没有。这其中的极端起伏过多。传统方法一直采取了忽略随机波动中的“噪声”方式，而只关注大体趋势。但曼德勃罗却意识到，这样的分析是背道而驰的。在后人眼中，这样的数据被称作混沌数据，其中极端的峰值经常会占据主体地位；而正态分布则根本无法代表实际发生的事件。

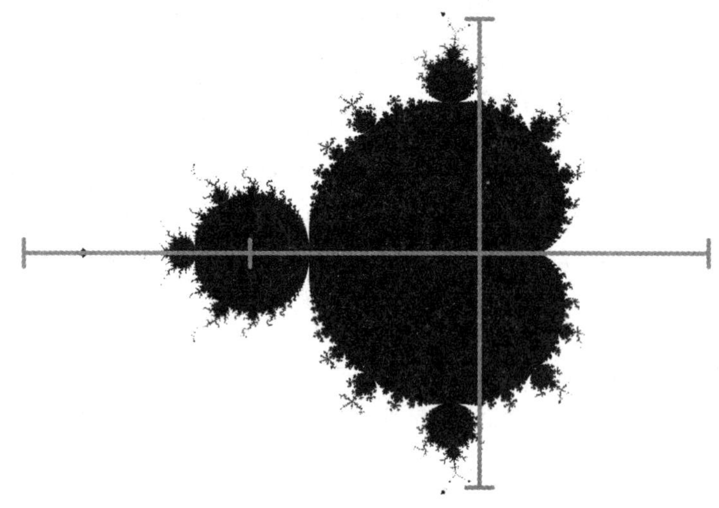

曼德勃罗集图形

研究这些数据后，曼德勃罗发现棉花价格的变化与时间尺度无关。任何一种变化都是随机发生的事件，无法预测。这一发现正是他提出分形概念的主要基础（但分形不在本书的主要讨论范围内），同时也揭示了混沌随机的本质。如果他一次性观察一周、一个月或是几年的价格变化，就会发现价格曲线的起伏形状大体一致。这一发现同样不能简化对某一次价格变化的预测，但的确能让我们从价格随时间变化的整体分布中找到一些东西，并对其进行评估。

早期，我们对混沌理论的理解实现突破时，人们认为这一新兴的数学理论以及其代表作——曼德勃罗集图形（描述与棉花价格相似的尺度独立性的混沌系统图）将会改变我们理解世界的方式。混沌随处可见，或于滴水的龙头中，或于起伏的股市中。詹姆斯·格莱克（James Gleick）在1987年撰写混沌理论的发展时评论道："新科学最热忱的拥护者甚至说，20世纪的科学只会因三件事为世人铭记：相对论、量子力学和混沌。"

这些热忱之人在混沌的影响范围上的看法没问题，但在混沌理论因用途而产生的影响力方面，他们却过度乐观了。该理论的问题在于，它精于告诉我们什么不可有效预测，却没有为我们带来更高深的洞察力，比如我们仍不知道股市明天会如何变化，混沌理论只是让我们知道了对其进行预测毫无意义，也不用再尝试了。这样的结论倒也确实有用，但它不会像相对论或量子理论那样推进我们对宇宙的理解。

在我们应对混沌随机时，我们很难通观全局。经典随机却不同。尽管单个独立的随机事件完全无法预测，但在全局层面，我们通常可以很好地预测接下来会发生什么。随着统计学日益成熟，这也是它开始发挥自己作用的场合。

8 统计资料

统计学——啊！神圣的统计学。你或许听过一句话："世上有三种谎言：谎言、该死的谎言和统计学。"人们通常认为这是英国首相本杰明·迪斯雷利（Benjamin Disraeli）说的观点，但其实他也只是引用马克·吐温（Mark Twain）的话而已。（至少他说过自己引用了马克·吐温的话，但也没人找到证据证明马克·吐温是第一个说这句话的人。）我们会自然而然地怀疑统计学。然而只要使用得当，统计学便能让我们很好地理解经典随机。

举例来说，当某位科学家欲尝试在单个分子层面理解气体的行为时，他面对的就是明显的三体问题。其中要解决的不仅是三个物体，而是数以十亿计的物体，而且全都在某个水平上发生着相互作用。在这样的情形中，当然不可能通过计算每个分子的路径来评估所有气体分子的行为，显然并不现实。然而，统计学方法却能让他纵观全局，掌控气体分子行为中的随机性，并把问题一个一个地解决掉。假如你需要解决经典随机问题，统计学便是非常强大的工具，它能帮助你理解该问题。

迪斯雷利以及我们大部分人仍然怀疑统计学，原因有两方面。一个原因是我们已经知道，"统计学"一词的英语statistics与国家state一词同源。普查与调查的初衷，是为了弄清某个国家中正在发生的事情，由此诞生了统计学。统计学也就不可避免地与政治联系在了一起，引起了这一切的不信任。无论何时，一旦你成为统计数据中的一分子，你便总会觉得有个"大佬"在背后盯着你。另一个原因则是，无论有意或无意，统计学都容易被滥用——本章将会说明这一点。

我们不知道统计数据来源于何处，这是一个常见的问题。有时，统计数据来源于对所有人口的调查，如来自人口普查的数据，但通常这样的调查过于困难，也过于昂贵，所以很难实施。英国的上一次人口普查开展于2011年（注：笔者写书时是如此），据说花费了差不多5亿英镑来汇集数据——经费如此高昂，连国家都禁不起频繁消耗。而替代的统计数据则由总人口的子集样本来进行推断。收集数据的工作人员找出他们能够调查的一群人，这群人是总人口中的一部分（传统意义上，此处所言的人口就是指的真正的人，即使把该群人替换为一群气体分子，同样也没有问题），然后在子集的统计结果上做乘法，就能得出全人口的情况。这样的抽样充其量是一门不完善的科学。

即使抽样操作得当，其结果也一定不如其原理所声称的那么准确。你或许听说过一则新闻（某些传播虚假数据的常客）：某年，有46万移民进入了英国。我们可以合理认为，这个数字是到达了护照检查处的全部人数总和，然而它却并非如此计算得来。其实，这些数字来源于某项称作国际旅客调查（the International Passenger Survey）的玩意。不多的几名人员，前往机场、渡口、英法海底隧道采访游客，通常每年约有2 000人接受采访。

他们宣称有46万人，事实上该数字应当在433 000人到487 000之间——如果你详细地看看统计学就会知道，真实数字只有5%的概率会超出这个范围。但大部分人并不会查看真实数据，他们会认为46万人就是事实。鉴于成千上万的旅客中，接受采访的只有一小部分，因此统计分析能做的仅仅是为我们提供最合理的猜测。这不是什么坏事——但若是我们不知道46万人这个数字来源于何处，那就很危险了。

世界骰子　样本选择

无论有意或无意，样本选择的方式均会对统计结果产生很大影响。

比如说，你想收集信息，了解人们下次去车展时可能买什么牌子的车，如果你想故意使样本偏向自己的品牌，你可以将调查表仅发送给自己品牌的老客户。他们很可能会优先购买你的品牌（除非你的车实在糟糕）。

这是一种刻意误导，但你也可以无意间使样本偏颇。例如，如果你像许多民调公司那样在网上发起调查，你就立刻能得到一个不能代表所有人的样本。2011年，英国有77%的家庭可以上网，剩下不能上网的23%便永远不可能获悉你的调查[①]。能否上网还可能与年龄、收入等因素有关，也就意味着在购物习惯上，能上网的人与一般人群有所不同，因而你的调查也就产生了偏倚。同理，如果你仅调查在大城市金融部门工作的人，那么你所调查到的汽车偏好又会与在边城小镇人才市场中的人大不相同。

这样滥用统计数据的行为中，部分很可能出自故意，但也可能有部分是不小心地错误解读了数据。举个很好的例子，有一家英国报纸曾在几年前宣布，若将男性退休年龄从65岁提高至67岁，那么原本应领取养老金的人中将有五分之一领不到养老金了。这些人还没拿到养老金就去世了。实际上这是胡说八道。这份数据的愚蠢之处并不那么显眼，原因之一在于实际的数据隐藏在了所谓的“五分之一”背后。只要数据以比率、百分比的形式呈现，就应该问问计算出这些数据的数字到底是多少。

在这个例子中，我们不需要实际数据，因为这一比例已经很离谱了。它所表达的含义是，65岁的男性（大部分男性的确能活到65岁）中，有20%会在65周岁后的两年内去世。那将会是多么可怕的死亡率。那份统计数据的真实含义是，约有五分之一的男性会在67周岁前的某个

---

① 作者注：若你足够留心，你就能意识到所谓“77%的家庭可以上网”也是基于样本的调查结果，所以准确度有限。深入了解细节，你会发现这个数据来自（英国）国家统计意见调查（The National Statistics Opinions Survey），这是由英国国家统计局开展的一项多目标调查。其介绍资料显示：“意见调查每月对英国各地私人住户约1 800名16岁及以上的成年人进行随机抽样调查。考虑到拒绝调查和无法联系的情况，每月调查将进行约1 200次。”资料中没有说明该调查是否在线上进行，但推测不是……

时刻过世。但大部分人并非恰巧就在65岁到67岁之间这两年的时间窗口内过世。

当然，还有许许多多关于死亡的数据——这是我们必然会关注的话题。前文提到过，最早的统计数据中就包含预期寿命，甚至还有一个更古怪的死亡风险单位，叫做“微亡率”（micromort）。这是一种看待风险的方式：1微亡率即表示死亡的概率为百万分之一。若将整个人口的平均死亡率除以平均寿命天数，便能得出，总人口每天约有40微亡率的随机死亡概率——当然，这忽略了长寿或参与危险作业等严重偏离平均寿命的情况。

某些时候，我们会用微亡率来比较不同活动的风险。例如，你可以说，吸1.4支烟、乘车出行约400公里、乘飞机飞行1 600公里或拍了胸部X光片，会导致死亡风险增加1微亡率。（如果你想要知道真正危险的出行方式，那就是骑摩托车，每10公里就能增加1微亡率。）这只是一些假设情况，但我们需要谨记，这一切都只是粗略的统计结果，而非详细的个人风险评估。其次，并非所有风险都呈线性——我们不能认为每天吸40支烟的风险恰好为每天吸1支烟的40倍。但若是恰当运用微亡率指标，我们便能对活动的相对风险有一些了解。

骰子世界 受了科学的蒙蔽

有些时候，统计学实在难以捉摸，即使是专业人士在使用统计学时，也会像门外汉一样被误导。医学检查数据尤为如此。我们来想象一下，假设你为了某种危险的疾病去做了某项检查，在临床医生的诊断中，这项检查使用越来越频繁。假设检查的准确度为95%，也就是说，所有检测报告中，若报告为疾病阳性，那么其中有95%是准确的结果。在95%的情况下，你真的患病了。而另外5%的检测报告则不准确，检测报告会在你并未患病的情况称你已患病。你做完体检，得到结果为阳性，报告说你得病了。那你得病的概率到底是多少呢?

答案似乎简单得可笑。你得病的概率当然是95%吧?这也是医生会得出的结论。但这一答案大错特错。事实上，只基于上述信息，我无法判断你得病的概率为多少，因为我没有足够的数据来判断。我们来举例说明吧，假设每年有100万人来检查此病，其中1/2 000的人患病。这就是说，来检查的100万人中，应有500人测试报告为阳性。[①]

因此阳性报告中有500份为正确结果[②]。那么多少份阳性报告是错误的呢?应该占所有报告的5%——100万的5%，也就是5万份。因此所有检查者中会有50 500人得到阳性报告，其中5万人并没有生病。若你得到了阳性报告，那么这份报告正确的概率只有500/50 500——你生病的概率不到1%。

还可以试试理解一个更简单的问题，你只需要去想想日常生活中不常见到的数字就可以。例如，政府张口闭口就是几百万，甚至数十亿英镑或美元。(提到国债时甚至会上升到几万亿。)这样的数字完全超出了我们的日常生活范畴，因此对我们而言并没有多少意义。历史学家西里尔·诺斯古德·帕金森（Cyril Northcote Parkinson）提出了帕金森定律(Parkinson Law)，定律指出，为了保证工作完成，工作倾向于占满可用的时间。如他所言:“‘最忙的人最有闲暇。’这句谚语正反映了大家对此的认可。”他还对我们处理大数字的方式进行过有用的观察。

帕金森想象过非专家（如政治家）就讨论新核电站建设而召开的会

① 译者注：此处原作者的计算有误。准确度95%，是指所有结果为阳性的报告中，有95%为准确结果。因此在计算该指标时，其基数，即分母应为所有阳性报告，而非整个人群。在不知道敏感度、无法得出其对真实患者的诊断概率情况下，无法进行后续计算。例如，在100万份检查中得到了500份阳性报告，那么其中有25份是错误的阳性报告。但因为不知道敏感度，所以无法推断错误诊断为阴性的人数有多少，也就无法计算个体阳性报告时的真实患病概率。

② 作者注：此处我简化了情况，忽略掉了大部分检查在实际操作中时而会出现的假阴性结果，因此在真实情况中，对真正患病者检出的阳性报告数量会略小于500份。

议。他提出，非专家在重要事件上花费的时间很少，比如他们不会过多讨论核电站本身，因为这些人都不懂核电站。其中涉及的数字、科学、工程学都超出了他们的理解范围。但他们会花费相当多的时间讨论自行车棚的位置，这才是他们能理解的部分。我们在思考统计学中的大数字时也同样如此。

设想有某位美国总统宣布："明年，我们将会为一项改变生活的新倡议总共筹集11亿美元。"我们先不去关心这项倡议的内容是什么，只假设它一定有益。听上去这是很大一笔钱。我们再来想象，假如你想要某样东西，它需要每人每天花费1美分。拿咖啡的价格来做比较吧，这笔投资似乎很合理。但无论是每人每天1美分，还是总共11亿美元，其实都是一样的数字。撰写此书时，美国总共有3.12亿人，那么每人每天1美分，全年总共差不多就是11亿美元了，如果再提高到每人每天1美元，那么全年总共就是1 130亿美元。大数字只有在细分到个人层面时，我们才能够理解其意义。

骰子世界 尽在背景数据

对于仅仅基于百分比的统计数据，我们需要抱有格外的怀疑态度，因为没有背景数据，百分比便毫无实际意义。比如一则新闻标题惊呼："城市凶杀案率已上升100%！"这新闻很可能会让你心生恐惧，当在拜访那座城市时，晚上你会尽量待在室内，而非冒险去偏僻的街道，因为你在那里很可能会被人杀害。但倘若去年的凶杀受害者只有一人呢？那么100%的增长也就仅意味着今年有两人受害。当然，任何凶杀案都很可怕，但凶杀案总是会偶有发生，事实上，某一年多一起凶杀案也并非惊天动地之事，因此凶杀案并不是你必须躲在酒店房间里大门不出二门不迈的好理由。

还有一个例子。我们经常会在媒体上看到各种报道，在没完没了地说不同的食物饮料会对我们的健康造成积极或消极的影响。我们假设（只是单纯假设），吃橙子会让你患某种病的风险上升50%。这听起来很可怕。新闻一出，橙子的销量可能便一夜暴跌。但若只提到百分比，其实就相当于什么也没说。如果最初的患病风险只有0.01%——也就是一1万个人中只有一个人会得病，那么现在便是1万个人中有1.5个人（或者6 666个人中有一个人）可能患病。患病的风险依然很小。因此，这一份额外的信息对于判断统计数据的影响，以及这一统计数据是否会影响你购买橙子的决定，有至关重要的作用。

再举一个例子吧，一个仅单一数据就让人彻底困惑不解的例子。不久前，英国最重要的有机物认证机构英国土壤协会（The Soil Association）发言人在报纸上发表了耸人听闻的言论。她说："要么你改吃有机食品，要么你就得接受，你吃到的食物中三分之一都含毒素。你做好准备了吗?"太可怕了。但这一数据有问题。

首先，"三分之一"这一比例相当低。事实上，很可能你吃的每一口食物都含毒素。有些是她所提及的农药或者其他人造化学物质，但还有许多种类的食物天然带有毒素，这是植物自我保护的行为。其中一些剧毒——如蓖麻毒素和肉毒杆菌素——都是天然毒素。食物中还有许多天然物质被证实会导致食用者罹患癌症的风险上升。因此土壤协会的数据基础——大约40%的新鲜果蔬都有农药残留，其实脱离了重点。

而且，就算你不在乎这一点差别，百分比也并没有提供多少有用的信息。因为毒性必须关联剂量。只要剂量足够，任何东西都有毒。比如喝太多水也会死，并非被淹死——有运动员就因为一口气喝了好几升水而死亡。过量的水会降低神经系统信号的效力，导致控制身体的电化学信息失效。

蕾切尔·卡森（Rachel Carson）的著名作品《寂静的春天》（*Silent Spring*）曾凭一己之力推动了环保主义运动，在书中她提出了一个强大的观点："世界有史以来第一次，每个人类的一生，从胚胎到死亡都会接触到危险的化学物质。”这一说法也不正确。在整个人类历史上，人类一直都在接触天然毒素。我们所摄取的致命天然杀虫剂通常是人造杀虫剂剂量的1万倍。但即便如此，这样的剂量也只是微乎其微，于人无害。

事实上，如果从我们饮食摄入的毒素量来判断中毒风险，那么我们最不需要担心的就是农药残留。例如，我们看看日常饮食带来的癌症风险，93%都来自酒类，还有2.6%来自咖啡。除了一些相对危险的天然毒素来源，如生菜、甜椒、胡萝卜、肉桂、橙汁，首先要考虑的化学污染物就是浓度为0.05%的ETU（乙撑硫脲）。即使把所有主要化学污染物和农药的法定剂量加起来，其风险也只与食用芹菜无异。[①]

世界骰子　统计学并不公平

随机性和统计学的另一个问题在于对感受的影响，这个问题更模糊不清。统计学有时残忍得可怕。想想一个可怜的“平均人”。平均，一个人的腿少于两条，健康的眼睛少于两只——“平均人”的器官总是不完整，但他依然能活着。绝大多数司机认为他们的能力在平均水平之上。但大部分人要么只是平均水平，要么低于平均水平。

或许，驾驶能力的分布大致对称，在驾驶技术或是身高这样的数据中，无论哪个极端都不会相差太过悬殊。例如，人不可能长到3米高。但我们需要记住，并非所有分布都是如此。想象一下，有一屋子人，他们的收入或者财富分布大约呈正态分布，并且彼此间差别不大，这时我们在这群人中放入一个亿万富翁。顷刻间，财富平均数猛然飙升起来，意味着绝大多数人的收入和财富将远低于平均水平。当比尔·盖茨

① 作者注：我需要再次强调，食用生菜、甜椒、胡萝卜、肉桂、橙子、芹菜等食物的风险非常低。这些食物都有非常小的致癌风险，但小到完全可以忽略不计。实际上我们吃的每样东西都伴有某种风险。但重点是，农药残留引起的风险甚至更低。

（Bill Gates）进入房间时，其他人的净财富都会降到平均以下。对自尊心而言，这样的统计学一点也不友好。

历史期望寿命也是被广泛误解的平均值。我们都知道，在20世纪以前，人们的寿命都很短，过得并不幸福。以下引用自最近一本关于脑科学的书："我的祖母过了88岁大寿，这样的高龄非常罕见。20世纪初出生的女孩，期望寿命只有49岁，男孩则只有45岁。"[①]然而，说出这句话的作者就像其他很多人一样，都落入了统计学的陷阱。

她的祖母能活到88岁的确比较罕见，但该期望寿命的数据却是完全的误导。那时候，卫生条件太差，而且无法预防某些如今已可医治的疾病，一些中年人的确会因这些原因而死亡。但当时的实际情况差别并不大，如果你在19世纪能活到"奔五"的年纪，那你也很有可能会活到60岁，甚至70余岁。那时候的期望寿命数据之所以如此之低，是因为大量人口夭折于婴儿或童年时期，大大拉低了平均数据，而并不是说大部分人在40多岁时去世了——只是因为一些数据的数值太低，才导致平均数降到了那样低的水平。

曲解平均数，是政客们想要用来攻击另一政党的方式之一，他们还通过降低数据的严谨程度来获取利益。如果某项税收政策针对的是高收入人群，结果却打击到了平均薪资的人群，那么群众就会强烈抗议，因为这样的政策似乎是打击到了绝大多数普通人——然而，绝大多数人的收入其实低于平均薪资。若是将两个挣得平均收入的个体安排在同一个家庭中，那么政客便能更有效地玩个数字游戏。现在我们统计到的不仅是收入超过大多数人的个体，而且是夫妻双方收入都高于大多数人的家庭。如此，他们的整体收入便会显得非常高，这个家庭的收入会高居所有家庭的前25%，而实际上，在这个家庭中，夫妻的个人收入也仅仅只是平均薪资而已。

很明显，若是比尔·盖茨进入到普通中等收入人群的房间，那么这

① 作者注：引自《大脑至上》（*The Brain Supremacy*），凯瑟琳·特纳（Kathleen Turner）著，牛津大学出版社2012年出版。

一房间的平均薪资水平便会被扭曲，出现大幅上涨。而相对不那么明显的则是，作为一个整体，这一人群的收入被扭曲上升后，大部分人的收入为何却低于了平均水平。纵观全球，80%就业人口的收入都低于平均水平。倘若穷人人数多于富人，那么为什么穷人没有拉低平均收入水平呢？其原因就在于我们衡量财富所使用的方式（如收入或者净资产——一个人全部财产、金钱、股票等的总值）只有下限而没有上限。

一般而言，我们的收入或净财富不可能为负值。（这一情形可能在短期内存在，如你的收入低于负债，但对个人而言，这样会很快面临破产，财富值便会清零。）在撰写此书之际，英国就业人群的平均年收入为2.6万英镑左右，相当于4.6万美元。[①]那么，没有收入的人在最大程度上也只会低于平均水平2.6万英镑，即4.6万美元。但有钱人的收入却能轻而易举地高出平均水平100万英镑，因此，其带来的影响比任何一个穷人都要大得多。

计算平均数非常有用，但在处理时必须谨慎小心。在比尔·盖茨进入房间的例子中（如果你想找到他，就看看大家在围着谁提交自己的商业企划案吧），更有用的指标则是计算中位数收入或净财富。中位数一词听起来深奥，却是个非常简单的概念。将一串数值按大小顺序排列起来，处于中间位置的数值就是中位数。在正态分布这样的完美对称分布中，中位数和平均值会非常接近，但如果有比尔·盖茨加入其中，分布将大大地向高收入一端扭曲，那么中位数则会远小于平均数，并且更能体现典型值。

在中位数比平均值更有意义的情况下，官方统计的确会经常使用中位数，但出于某些原因，报纸和电视（以及一些恶毒的政客）更喜欢使用平均值。比如，2011年英国的平均收入为26 871英镑，而中位数收入

① 作者注：统计收入是一项特别棘手的工作，其中涉及了太多变量。需要考虑，统计的是净收入、税后收入还是税前毛收入呢？如果只纳入全职工作人群，那么我在上文给出的平均收入应当会更高一些。然而，如果纳入全就业年龄人群，而不考虑其当前是否失业，那么这一指标就会降低一些；如果纳入全人群，包括儿童与退休人群，这一指标还将进一步降低。你的统计由你负责，自然也由你做主。

却是21 326英镑——这凸显了收入的平均值和“典型值”之间的区别。由于媒体回避“中位数”一词（或许是担心该词汇对于普通读者而言太复杂了，会让他们看不懂），因此他们虽然通常用的是中位数，却称之为平均数。当时全职就业者的收入中位数为26 200英镑，而许多媒体报道却称他们的平均收入约为2.6万英镑。

骰子世界 小概率事件

预先做出假设，设数据真正服从经典随机，正是统计学和抽样的基础，而正如前文所述，经典随机的数据通常都会遵循某种分布，可能是我们熟知的钟型正态分布，也可能是某种更为复杂的分布。这就意味着在某个统计指标中，可能会纳入预期以外的极值，我们在处理时就需要非常小心谨慎——如比尔·盖茨进入房间扭曲了整屋人的收入或净财富值的那类效果。在此例中，盖茨进屋所带来的效应显而易见，但若是我们听到世界上最安全的客机突然变成了最危险的客机，我们或许很难在顷刻间明白其中的问题所在。是这款飞机铺天盖地地从天上掉下来了吗？非也，导致这一问题的仅仅是2000年的一起坠机事故。

2000年7月24日，在当时执飞的飞机中，协和式超音速飞机（Concorde）仍保持着统计数据中最安全飞机的地位。在其整个飞行生涯中，协和式飞机机队未曾有过空难记录。但第二天，法国航空（Air France）的AF4590号航班在巴黎夏尔·戴高乐（Charles de Gaul）机场起飞时坠机了，非常惨烈的灾难。当时在执飞的协和式飞机本就为数不多——法航和英航（British Airways）分别拥有不足5架，这就是执飞的协和式飞机的总数——每架飞机每年的航行次数也并不多。因此，这一次事故后，协和式飞机的风险立即飙升到每8万次航班中就有一次坠机，而其他航班的坠机率则只有3百万分之一。

事实上，协和式飞机依然是协和式飞机，风险也还是原来的风险。

只是当我们谈论这样一类罕见事件时，统计数据的误导性可能会非常之高，而我们要做任何合理比较，就必须知道事件的发生频率，以及它与同类型事件比较的方式。有一种分布叫做“泊松分布”（Poisson distribution)，它有些类似于被挤压到一侧的正态分布。事件的实际发生频率是否恰当地给出了期望平均值，或该频率中是否含有某个新的因素，泊松分布能有效地让我们理解上述问题。

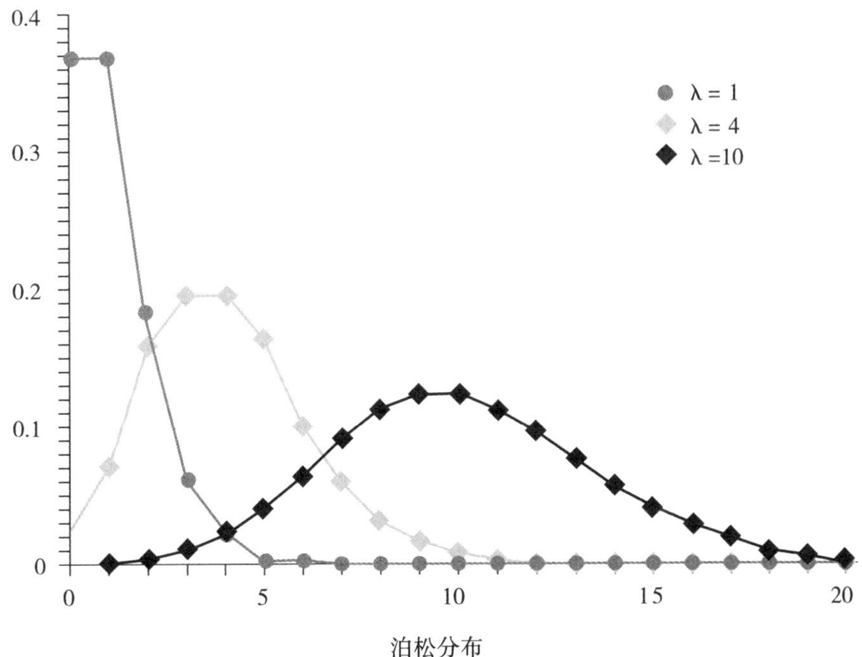

泊松分布

注：λ表示单位时间段内的事件平均数

事件频率越高，泊松分布越对称[①]。泊松分布很有用。例如，它可以帮助我们了解某罕见事件的促成原因是否与某个事件集合的原因相同，或其仅仅是某个相同规模随机事件集合中的一份子。但泊松分布无法有效分辨协和式飞机与常规客机。

① 作者注：顺便提一下，注意泊松分布描述的都是单个（“离散的”）事件。该分布中没有连续值，因此泊松分布的图形表示均应该是一系列点，而不会是无间断的曲线。

若我们在合理的范围内，对已知分布中随机出现的相互独立数值进行同类比较，那么我们的统计就具有真正的预测能力。但是，所有这一切的背后都有一个假设。我们兴高采烈地谈论随机选取的数值，但究竟何谓“随机”？

9　何谓随机?

假设我们有台机器可以专门生成随机数。它的原理是什么并不重要——我们可以稍后再来考虑这个问题。一个真正的随机数生成器会给出什么？我们先暂时将随机数限定为1到10之间的随机整数。那么，我们的生成器应该会给我们一串数字，其数值均在1到10之间。在每次随机选择数字时，每个数字被选中的概率都应该是1/10（即10%）。每一次选择也应该完全独立于其他次数的选择，即随机数生成器不会有“记忆”，选择某个数字时，不会与前一次或后一次选择有关联。

很明显，这种生成器输出的就是真正的随机数列。然而我们可能会发现结果难以接受。比如，你可以看看下面这些数列：

1　1　1　…

1　2　3　…

5　1　4　…

6　9　2　…

假设这些就是生成器所给数列的前三个数字。哪些数列是真正随机的呢？哪些数列更可能出现呢？我们本能地会认为第三和第四个数列更像是我们期待的随机数列，前两个则不然。这样的说法非常奇怪，因为这种说法同时成立又不成立。

首先我们要认识到，真正的、功能正常的随机数生成器完全有可能给出1、1、1或1、2、3这样的数列。记住，生成器的基础规则之一就是它没有记忆，任何前置数字都不会影响下一个数字的生成。第一个数字为1的概率是1/10——与得到其他任何数字的概率相同。我们当然也无法从这个结果做出任何推断。接着，我们得到下一个数字。由于生成器并不记得第一个数字是1，那么再次得到1的概率依然是1/10。

将这两个概率相乘，那么得到数列1、1的概率则为1/100。第三个数值的逻辑同样如此，再次得到1的概率也为1/10，因此得到数列1、1、1的最终概率为1/1 000，此概率非常低，但只要多次尝试，仍可能发生。思考一下此类情形，在英国国家彩票（UK National Lottery）中，任何一组数字中奖的概率都为1/13 983 815，但每周的确有一组数字能中奖。同理，得到1、2、3和1、1、1这两个数列的概率均为1/1 000，因此生成器运行1 000次，在期望中，这类数列终会出现。

然而有趣的是，任意3个数字组成的数列，其出现概率均相同，如明显更具随机性的5、1、4。这一数列出现的概率同样是1/1 000。因此，这些数列没有谁会比谁更容易出现，每个数列出现的概率都完全相同。20世纪50年代曾出版了一本书，有时会被贴上“史上最无聊的书”的标签，其中列举了100万个随机数。在整个数列中，可能会找到大概100组5个数字相连续的数列，大概有50组相同数字重复了5次，甚至还有1组相同数字重复了7次。

那么我们为什么会在见到1、1、1这样的数列时感到惊讶，并认为其与我们所认为的随机数列相悖呢？这当然是我们大脑中的规律识别软件在生效了。尽管我们的疑心并非来源于纯粹的概率问题，但这同样可以理解。虽然1、1、1这一数列出现的概率与其他数列相同，但此类有明晰规律的数列，其出现概率应更小。当你考虑以不同方式排列1到10之间的任意3个数字时，只有少部分数列可能会显得与众不同。

可以实现的排列方式总共有1 000种。数列中3个数字都相同时，我们会倾向于认为该数列具有某种规律——这样的数列有1、1、1到10、10、10，这10组。同样，我们也倾向于把等差数列认作某种规律数列，如1、2、3或4、5、6，甚至是10、9、8。这样的数列有16组。但其他的数列则不会让我们感到奇怪。（你也可以辩论，认为像1、2、4或1、5、9这样的数列有一定规律，但多数人不会认为这样的数列有特殊性。）因此，我们就有26组显眼的特殊数列，而另外974组数列则没有什么特征会引起我们的注意。

因此，我们把这种具有明晰规律的数字组合视为特殊情况，也就不足为奇了。虽然这种情况并不特殊，但我们知道为什么这种情况看起来不一般。我们必须警醒自己，如果没有其他条件证明这种情况具有特殊性，我们就不能对其另眼相待。单纯得到数列1、1、1并不能说明随机数生成器有瑕疵。随机数列的任[illegible]都有可能包含明显的规律性组合，只要数列够长，这样的组合[illegible]妙之处在于，我们人类的本能会特别关注规律性[illegible]数列中寻找规律，而正是这个寻找规律的过程，[illegible]我们得到真正的随机数。

如果让一个人想象一串随机数列，你可以肯定地说，他的数列中一定不会包含那么多重复的数字。这样的现象已经被一次又一次地观察到了。因为我们倾向于将随机认为是“没有规律”的另一说法，所以才会认为随机数列中包含重复数值时是出了错——出现重复值时，看上去就出错了。但是，如果没有重复数值，那这一数列便不可能真正随机。这与落在地上的珠子是一个道理，如果数列中所有的数字都恰好各自隔开，便如同一罐珠子落在地上恰好各自散开一样，就是非自然现象了。

尝试心灵感应测试的实验中便已给出了证据，证明上述情况会带来问题。在一些实验中，只要人类操作员（某位参与研究的学生）按下按钮，随机数生成器便会选择一个数字。随后，操作员会试图通过心灵感应来传达这个数字（或与之对应的一张扑克牌）。如果生成器连续两次输出了同一个数字，操作员会有一种倾向，认为自己或许未能正确地按下按钮，于是就会再按一遍。这个简单的错误便毁了这个实验，其呈现的结果看上去似乎是人类存在心灵感应，但事实上实验并没有得出相关证据。

这是怎么回事呢？供选择的数字有10个。如果参与心灵感应测试的人员随机地对数字进行猜测，那么其猜中的概率为1/10。如果在一长串测试中，他们猜中的概率高于1/10，那么一定是有什么事件在发生，或许就是心灵感应。但操作员会拒绝重复出现的数字，那么可供选择的数字则变成了9个，进行9选1的操作。而由于进行猜测的人员，在猜测时也倾向于避开重复数字，所以他们猜测成功的概率也是1/9。在多次的实验中，成功概率便足够超过1/10了，足以假定心灵感应的确存在。

试图证实或证伪心灵感应及其他心灵现象存在的实验，都困扰于概率和统计学所产生的错误，因为采用的数字并非真正随机，或者曲解了结果，都可能让概率和统计学产生具有显著差异的结果。

骰子世界 生成随机

在电脑时代之前，要得到真正意义上的随机数得有多困难，对此我们能够很容易理解。诸如硬币这类的任一实物，都可能因为抛掷的动作或其他微妙的影响，导致结果有所偏差。如前所述，通过实施某种抛掷手法，会使得硬币以相同于抛掷前朝向落下的可能性轻微增加。因此，要想在一系列抛掷硬币的过程中保证真正的公平，便要不断变换抛掷前硬币的朝向。

早期，人们采取的方法是将对数表转换成了原始的随机数生成器。在计算器出现之前，这些包含大量的十进制位值的数学表格曾被广泛地用于计算乘法和除法。通过一组固定的指令，如“取第93个数字的第7位数值”，就可能生成一组非常近似随机的值。但对数表后来被计算器取代，随即又被计算机取代。然而，那个显而易见的问题仍然存在：为何随机数问题并没有因计算机的出现而消失呢？毕竟，只要我打开Excel或其他电子表格就可以轻轻松松生成一个随机数啊。

Excel中有两条随机数函数：RAND函数（随机数函数），可以得到

0 到 1 之间的任意随机数（刚才我得到了 0.610 120 53）；用 RANDBETWEEN 函数（随机整数函数），可以在一定范围内选择一个随机数（我在 1 到 10 之间得到的结果是 4）。使用函数，工作完成。但可惜的是，Excel 生成的并不是随机数，而是伪随机数。对于诸如抽奖这类活动而言，这些数字足够随机，但如果你想要得到的是一长组由真正的随机数字组成的随机数列，它还不够完美。

这是因为伪随机数生成器并没有真正地以同等概率选择数字，其生成的数字之间也并非完全相互独立。但情况却必须如此，否则我们便不能用电脑的算法来计算随机数了。电子表格的伪随机数生成器通常从一颗“种子”开始，这颗种子一般是从计算机时钟中提取的初始值，然后进行反复的数学运算，通常是将前一个值乘以一个常数，再加上另一个常数，然后除以第三个常数，得到余数。因此，举个粗略的伪随机数生成器的例子，如下：

新值=（1 366×前一个值+150 899）模运算 714 025

其中，“模运算”为“除以某数后取余数”。这一伪随机数生成器输出的数字与最开始的种子数字相差甚远，表面上看就是随机生成的数字，但只要输入的种子数字相同，输出的数字也总是相同，无法与真正的随机数生成器的效果相提并论。由于 Excel 上的 RANDBETWEEN 函数取的是大范围实数中的整数值，也可能会输出两个重复值，尽管如此，因为伪随机数生成器无法连续两次输出完全相同的值，或是连续不断地输出同一个值，所以它依然有局限性。

想要在随机性上精益求精的人，还在寻求更好的方式。大部分大型彩票都采用了奖球摇奖机，机器将球打乱并抽出某些球来，以实现随机化。但无论怎么说，这都不是得到随机数的最佳方式，它依然是个伪随机数生成器。机器中的球以完全随机方式掉落出来的概率非常低。但在这一特例中，透明性比随机性更为重要。对于彩民而言，能看见抽奖的过程比这个过程是否真的趋向于完美随机更重要。

但也并非所有的彩票都是如此。例如，英国有一种彩票叫做“溢价债券”(premium bonds)。这些均属于政府债券，可以让买家下点小赌注，但不像传统债券那样会为所有买家提供可预期的回报。大部分溢价债券都不会返还“利息”(但与彩票不同，溢价债券能够将初始股份兑现回来)。每次抽奖，每英镑投入只有1/24 000的中奖概率。但一些债券会将此部分现金返回，从几英镑到100万英镑不等。

为了让抽奖公平，操作溢价债券的人成了第一批用到电子随机数生成器的人，该生成器名为“电子随机数指示设备”(Electronic Random Number Indicator Equipment)，缩写为ERNIE。这台设备出现于1957年，其设计者汤米·费劳尔斯（Tommy Flowers）正是“二战”时期在布莱切利园区（Bletchley Park）为破密中心研发出世界第一台电子可编程计算机的人——巨人计算机（Colossus）的发明者。

ERNIE利用的是一系列阀门（真空管）产生的信号噪声。由于材料的温度变化、干扰及其他因素影响，所有的电子设备都会产生一定程度的噪声。虽然在理论上，其结果可以通过数据进行预测，因而噪声并非真正的随机，但由于没人能获取到这些数据，并且设备受到的影响也足够混沌，因此完全不可能预测设备将会给出什么数字。正因如此，相比用电脑软件生成伪随机数，这是一种更为安全的方式。最新版本的ERNIE（他们正在研发第四代）利用的是晶体管中的热噪声。

我们将在下一章看到，真正的随机数值可以通过量子效应生成，真正的随机数生成器现在也可以在有需求时接入电子设备。例如，辐射源中的原子会偶然自发地发射自己原子核中的部分组分，虽然每个原子经历这种衰变的平均频率可以预测，但特定原子的衰变是真正随机的事件：原子衰变本就没有促发因素，因此原子衰变的预测不仅不切合实际，更是完全不可能的事件。现代版的ERNIE也可基于此系统运行，但目前所采取的方式也能达到相同的不可预测的效果，并且比原子核衰变更容易操作。

世骰界子 主观挑选

无论你的随机数生成器有多出色，对基于概率的测试而言，其结果仍可能受该生成器影响。其方式之一就是主观挑选结果，无论选择是有意或是无意，均会毁坏实验数据。一种简单粗暴的方式（也是众多研究人员可能施行过的行为）就是舍弃所有与自己预期不符的实验结果。但主观挑选结果的行为也可能更为隐蔽。如果我正在针对某随机分布的事物进行实验，假设是有某种特殊能力存在——比如，我要测试在一群人中，是否有人能在10次硬币抛掷中得到正面朝上的次数多于平均次数。

我找到一大群人，让他们每人都掷10次硬币。大部分人得到正面的机会都在五次左右。但我们也可以预期，有少数几人会只得到一两次正面，而另有少数几人能得到八九次正面。接下来，我只需要把“掷币能手”们拎出来，只采用他们掷币的结果，就可以使结果发生偏差了。如此，我便有了一批能通过精神力控制硬币抛掷的人，因为他们能得到更多次数的正面。我甚至可以让他们多掷几次硬币。或许在新的抛掷实验中，他们得到正面的概率只有50%左右，但只要我依然把他们最开始掷币的成绩算进去，那么他们在整个掷币过程中得到正面的次数依然会保持在平均值以上。这从成组数据中进行挑选的方式，便扭曲了他们得分的意义。

通过上述测试进行预实验以挑选有适当能力的人（假如他们真的存在），这并没有什么问题——但关键点在于要舍弃那些用于挑选受试者的数据，并完整地重新测试。然而，由于时间和金钱有限，大家总是忍不住想将之前为选择所进行测试的数据纳入，因而就此引入了偏倚。

另一个滥用数据的方式，是挑选出试验中有显著差异的实验结果，而忽略掉其他数据，这是所谓的“主观挑选”。假设我正在进行一次抛

1 000次硬币的掷币实验。实验进行到某一阶段时，我连续得到了7次正面。整个实验进行下来，进展非常顺利——假设我得到了495次正面和505次反面。这没什么特别之处。但是，我若只关注那连续掷出7次正面的阶段，我便可以认为这一情况发生的概率为1/2 × 1/2 × 1/2 × 1/2 × 1/2 × 1/2 × 1/2，即1/128。这一概率非常低。事实上，抛1 000次硬币过程中发生这一情况也并不稀奇，但倘若我将这一情况从整个数据中挑选出来，那就赋予了它与实际不符的意义。

我刚才提到的1/128概率，并不会让人感受到如此推论的诱惑力。再讲一个更好的例子吧，它来自20世纪30年代J. B.莱茵（J. B. Rhine）研究心灵感应的实验。莱茵用五种样式的卡片做了成千上万次实验来测试心灵感应。在其中一轮实验中，猜测数值的人连续答对了15次。发生这一情况后，就有人开始质疑他的实验没有设立恰当的对照，以防止作弊发生，所以我们也无从得知这一轮实验是否真实。但莱茵对这一质疑的反应，却显然缺少了科学依据。

他用精心而主观挑选得到的数据，评论此结果为“精彩绝伦的连续15次正确回答”。他说：“这些卡片答对15次的概率为（1/5）^{15}，小于三百亿分之一。”听上去，这一情况绝非偶然事件。显然，事出反常必有其因。因为这一情况连续出现的序列太过突出，所以莱茵将其从成千上万次猜测数字试验中挑选了出来。以全部数据集为背景时，该数据其实并不具备显著性。正是莱茵的主观挑选，才让这轮测试看起来如此惊艳。

一个更为隐蔽而又尤为常见的主观挑选错误，就是当实验出现任何问题时，研究者在一定程度上可以舍弃实验结果。例如，假设你测试了某人在一项需要注意力高度集中的活动中的得分。实验进行过程中，一声突如其来的巨响分散了所有人的注意力。外面有人发生了车祸。测试结束时，大家的得分都很低。因此你舍弃了这场实验的结果，因为它受到了外部因素影响。这很公平。但倘若大家得分并不低，你很可能会保留实验结果，因为你认为外部的注意力干扰因素并没有造成影响。

上述看似合理且无害的举动却已然歪曲了实验结果。而其中的行为，或许只是不经意间舍弃了“错误的”结果，保留了“正确的”结果，而所谓的“正确”和“错误”却取决于你想要从试验中得到何种结果。此类人为引入的偏倚，并不意味着你绝不可以舍弃任何结果——只不过你需要提前决定，在什么情况下可以舍弃结果，并且要在不知道结果的前提下“盲弃”。如此你便可以非常合理地认为“如果出现巨大的噪声，我们将不查看此次测试结果，将直接舍弃此结果”。或者可以认为“如果出现巨大的噪声，且结果不理想，那么我们将舍弃此结果”。可是，我们却总是在不自觉的情况下便采取了第二种规则。

骰子世界 不平衡的目标

无论是谁，一旦要以概率为基础设计实验，都必须做到谨小慎微，心细如发，最好是找个概率方面的专家来检查设计是否存在漏洞。更有甚者，即使是收集数据所采用的方法，都可能影响到实验结果。正如概率那样，这一现象似乎与我们的直觉相悖，我们得多倒霉才会落入其中一个漏洞，但这样的情况就是可能会发生，尤其是在你研究的现象取决于随机序列生成的情景下。

以一个简化模型为例，该模型是一个正在运转的数据收集模型，这个例子能让我们明白随机性会如何给我们使绊子。我们来做个模拟实验，其中收集的数据只是硬币抛掷得到的某一面——H表示正面，T表示反面。我们旨在从数据中发现其特定规律，一旦规律出现，就立即停止实验。我们以两种方式来进行实验：第一种，以HTT序列为目标停止实验；第二种，以HTH序列为目标停止实验。于是，关键数据是在得到目标序列之前，需要抛掷多少次硬币。

按这种实验的惯例，我们一遍遍重复这个过程，以得到统计学结果。重要的问题则是，在你的预期中，是达到HTT序列所需要抛掷硬币的次数更多，还是达到HTH所需要抛掷硬币的次数更多，抑或两者所需的次数相同？

很明显，两种序列出现的概率都相同——每种序列的出现概率都为1/8。因此，你在做这样的实验，或更复杂且基于相同推断类型的实验时，如果结果是出现HTT时所抛掷硬币的次数少于出现HTH时的情况，便会怀疑是否实验设计出了差错。更甚者，可能是实验的参与人员做了手脚。一定是他们想要通过操纵实验结果，使其偏离预期，以获得某种好处。

唯一的事实是，即使没有任何人做手脚，这一结果也会发生。在此类实验中，出现HTT所需的平均抛掷次数，的确会少于HTH出现时抛掷的次数。

要明白其原理，就需要认真思考达成这一预期结果的过程。在两种情况中，你都得先得到一次正面（H），然后一次反面（T）。然后继续思考，这两种情况各自会有何后续发展呢？先来看看HTT的情况。得到T的概率为50%，此时即达成目标；得到H的概率也为50%，则继续抛掷硬币。因为刚才得到的是H，那么接下来需要两次T，每次T概率都为1/2。因此，一旦刚才抛掷得到的是H，接下来两次抛掷，成功的概率就为1/4。

现在我们来看看出现HTH的情况。在已经得到HT的情况下，下一次抛掷得到H的概率依然为50∶50。如果是正面，则达成目标；但若得到的是反面，那就有趣了。还记得HTT情况中，若没有得到T，那么接下来两次抛掷，成功的概率就为1/4。但这一次成功的概率却是0/4。为什么？因为这次的序列开头是T，无论接下来两次掷出什么，都没办法得到HTH。只有再一次得到H，才有希望实现HTT序列。

世骰界子 多显著才算显著？

上述情形让我们知道了数学会怎样给我们使绊子。不过，在使用基于概率的评估方式时，还有另一个易错之处，即逻辑上出现问题。这种情况更可能发生于非正式应用的情形，但现已明确，即使是科学家们，在使用统计学方法时，也会犯此类错误。例如，我们在进行一项观察性研究，并使用统计学证明只有“5%的概率会因为随机性而造成该结果出现”时，这一圈套就浮现了。首先我们来看看所谓“5%的概率”来自何处，再看看为什么很容易曲解其含义。

在这一情形下，我们面对的是“显著性水平”（significance level），科学家常用σ来表示它。其起点是有某个分布存在。假设我们正在处理的是某个符合正态分布的随机事件，曲线呈钟型。出现概率最高的结果会集中在曲线的正中间，落在其两侧的分布结果，则是两条细细的“尾巴”无限延伸。这些结果则是小概率事件。

我们已经知道，现实世界中的许多随机事件，只要其遵循经典随机，它就会服从正态分布，但还有更多的事件会服从不同的分布形式，抑或是混沌随机分布。我们会经常用到自然界的一个正态分布例子，即人类身高的分布——这个例子能很好地帮助我们理解我们所面临的问题，尤其是在现实生活中，人类身高完全不服从正态分布。

首先，我们需要对所测量的对象持谨慎态度。或许选择单个性别是最好的做法，否则就会发生两种分布融合的事件，因为男性的平均身高显著高于女性。假设我们只考虑男性。接下来就要对抽样（因为你基本不可能测出世上所有男性的身高）上心了，因为你需要从人群的代表性横断面中选取出代表性的样本，而非仅仅前往某间给高个子售卖衣服的服装店里选择样本（打个比方）。但即使如此，当你看见身高分布时，你也可能会大吃一惊。因为有了这些限定条件，身高也不会符合正态分布。

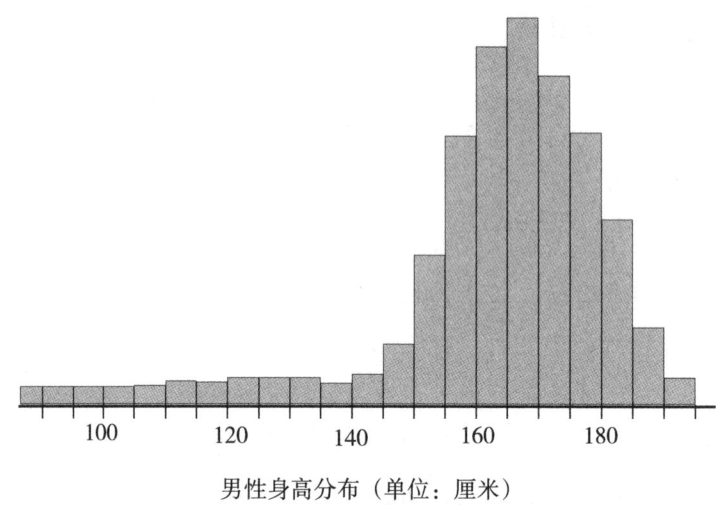

男性身高分布（单位：厘米）

以美国男性身高数据为例，我们会惊讶地发现其平均身高只有167厘米。这是因为身高的分布形式并不对称，分布曲线在矮个子方向一侧延伸更多，而高个子方向则有限。在所有高于平均身高的男性中，约有99%的个体与平均身高相差不超过28厘米。但是，如果要囊括99%低于平均身高的个体，其与平均身高的最大差值会达到79厘米。在分布图中，左边矮个子方向的延伸长度远远长于右边高个子方向。这一点也可以通过身高中位数看出来，即172厘米的身高中位数显著大于平均身高。多数男性超过了平均身高。

前面提到过，在应用这些分布时，若随机性中掺入了混沌元素，我们还得格外小心。譬如净财富值或是书籍销量，一小部分个体事件就能极大地扭曲整个局面，使得传统的分布形式几乎无参考意义。但身高分布并非如此。身高有明确的界限，你绝不可能找到一个身高为平均值二倍的人，但收入为平均值二倍的人却很常见。此外，尽管身高并不服从正态分布，但在确定显著性水平时，却可以很好地处理身高的分布。

要理解何为显著性水平，先来假设我们所研究的正好是一个正态分布——呈对称钟型的完美正态分布。如果只取出中间高耸的部分，忽略掉两边的尾巴，我们将能取得大部分取值。95%的置信水平就是该分布的中间部分，95%的值就应当落在这个区间内。因此，若我们从两边忽略掉的尾巴上取一个值，则该值在分布中出现的概率为5%。

结果中置信水平的度量通常用σ水平来表示。σ是“标准偏差”的符号，用以衡量某分布的尾巴向两侧延伸的速度①。σ数值越高，结果越不可能完全随机。我们所讲的95%置信水平为2σ水平。前文提到，2012年CERN的大型强子对撞机产生的希格斯玻色子符合希格斯玻色子的指征，其报告的置信水平为“5σ水平”。换句话说，这一指征不是来自希格斯玻色子的概率，仅为1/3 500 000。

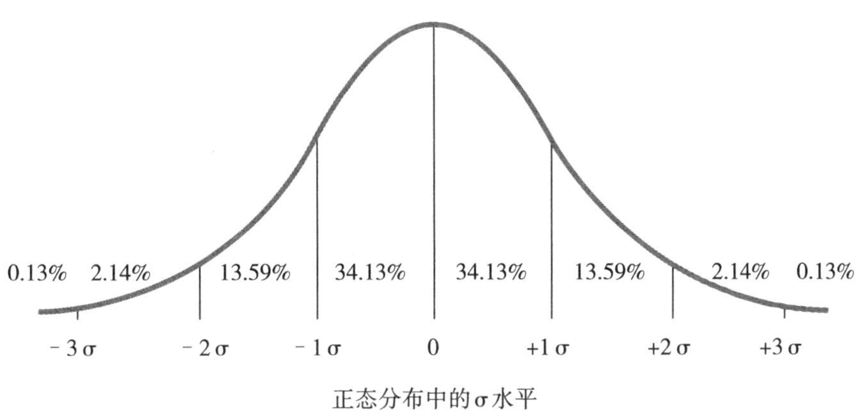

正态分布中的σ水平

因此，如果某事件的观察性结果服从经典随机分布，我们便可针对某一个观察性结果计算出概率，以表征该结果是来自完全随机事件，或是由某因素所导致的结局。但此处却有陷阱。假设我们在验证一项假说，如“希格斯玻色子存在”，或是“这些结果来自心灵感应”，抑或是“该组癌症病例是由手机信号塔所导致”。很容易发生一种情况，即要观察到上述结果的偶然发生，其概率非常低，且该假说为真的概率很高。

① 译者注：即分布曲线的宽窄程度，σ越大，尾巴延伸越快，曲线越宽，意味着数据分布更“散”；反之，则曲线窄，数据分布更为“集中”。

但这并非统计数据要表达的含义。

我们证明了上述观察性结果源自纯粹偶然事件的概率极低，在这一过程中，其实只是证明了该结果有很大概率具有始动因素。这一始动因素可以是任何原因。显然，它未必就是你的假说。因此，举例而言，在希格斯玻色子的观察中，希格斯玻色子不存在的概率为1/3 500 000，但这并不代表一定是希格斯玻色子导致了我们所观察到的指征出现，或许该粒子只是在行为方式上与我们所预期的（某一类型的）希格斯玻色子相同。一些媒体将事情进一步复杂化，声称希格斯玻色子不存在的概率只有1/3 500 000。这与事实有细微的区别——真实情况是，在没有希格斯玻色子作用的情况下，观察到这些数据的概率只有1/3 500 000。在错误的说法中，概率被赋予了希格斯玻色子（或其存在的可能性），而事实上这是数据出现的概率。

类似的，生物学上支持"智创论"（intelligent design）观点的人也容易落入一种陷阱——他们认为证明一件事情不可能发生，也就证明了与之对立的事情可能发生。尽管许多人认为智创论只是披着科学光环的神创论，但智创论的支持者辩解道，他们无意探究是什么人或什么东西创造了生命，他们只是想知道，在生命出现的过程中一定存在有主动设计，而非源自进化的随机作用。

为了支持智创论，采取的典型方法之一就是在自然界中寻找那些他们认为不可能来自进化的生物结构，他们认为这类结构在进化的中间阶段对生命体毫无益处可言。例如，他们提到了一些单细胞生物生长出了状如螺旋桨般的鞭毛，用于推动生物前行。他们认为，这种"推进器"的各种组成部分在分拆开后，均毫无价值，因此并不符合常规进化论所认为的"向有益方向逐渐改变"的观点。基于此，他们认为智创论才是正确的。他们证明了逐步向有益方向改变的渐近进化不太可能产生上述结果，因此他们认定自己的假说是正确的。

然而，即便这些组件在中间阶段的确没有产生任何益处（但事实证明，多数情形是有益的），智创论的支持者也只是证明了上述特征不太可能是某特定进化机制的结果。他们尚未证明这些结构不是来自其他进化机制，或者是来自某个完全不同的始动因素。智创论只是具有可能性的潜在选项之一——否定一个假设，并不能自然地证明另一个假设成立。

骰子世界 法庭上的概率

若是主张某一学术理论的人出了错，再严重也只是在学术论文中的错误结论。但倘若对随机性的本质产生了其他误解，尤其是那些不懂数学的人在法庭上使用概率时，后果更是不堪设想。最臭名昭著的便是莎丽·克拉克案（The trial of Sally Clark）中罗伊·梅多爵士（Sir Roy Meadow）作为儿科医生的"专家"证人证词。梅多利用（或不如说是"滥用"）了统计学，在证人席上谴责克拉克的罪行。

克拉克死了两个孩子，死时均不满三个月。这可能是名为"婴儿猝死综合征"（Sudden Infant Death Syndrome，SIDS）的自然因素造成的结果，但第二个孩子的死亡却使当局疑心渐起。1999年，在克拉克案审理前不久，政府刚刚发表研究称，当家庭中没有吸烟等影响因素时，儿童死于SIDS的概率为1/8 543。梅多在法庭上声称，克拉克的两个孩子均死于SIDS，那么便需要把概率相乘，即1/73 000 000。他说，这种情况，100年才会偶然发生一次。为了让陪审团更好地理解这一庞大的数字，梅多说，这相当于在全国越野障碍赛马（Grand National）中连续四年以80：1的赔率支持一名门外汉，并且他还每次都赢得了比赛。在这一案例中，概率运算从哪里开始出错已经很难说清楚。梅多将此案件与赌庄的赔率相提并论，混淆了概念，但赌庄的赔率并非实际发生概率，而是预测。除此以外，1/73 000 000这一数字仍有两大问题。

问题一，你可以认为，当同一家庭中两个孩子的死亡事件之间毫无关联时，他们均死于SIDS概率应非常低，而此时就不能将两起死亡案例作为两起独立事件进行处理。就像扔骰子或抛硬币一样，案例之间不存在“记忆”。然而这更像是一个医学问题：若夫妻生下一个患有SIDS的孩子，那么另一个孩子患有SIDS的概率也很高——很奇怪，梅多的表现就仿佛是他并不知道这个问题一样。倘若存在遗传或环境因素的影响，便不能将两起案例当作独立事件来看待。此案审理后，《英国医学期刊》（*British Medical Journal*）的一篇报告称，这样的情况并非100年才发生一次，反倒是仅在英格兰，每18个月就会发生一次。

问题二，如果说某件事情发生的概率极低，当此低概率事件发生时，就是有人用穷凶极恶的手段导致了其发生，这当中有很大的逻辑错误。（譬如希格斯玻色子，其概率仅代表事件发生的可能性，并不能证明假说正确。）前面已经提到，英国国家彩票的大奖中奖概率为1/13 983 815，而欧洲百万彩票（The EuroMillions）的中奖概率为1/116 531 799，分别大于、小于1/73 000 000，且每周都有人中大奖。

中奖的概率的确很低，但有人中了奖，我们也不能因为概率极低而推断他在其中动了手脚。同理，法庭上使用概率时也应当如此。即便两个小孩均死于SIDS的概率为1/73 000 000（虽然并不是），也并不代表小孩被谋杀的概率为72 999 999/73 000 000，而应该将此事件随机发生的概率与母亲两次杀死自己孩子的概率做比较，无疑后者的概率小于1/73 000 000。只不过还没有相应数据与之做合理比较。

骰子世界 随机之源

正如我们已知那样，随机性大体上分两类。经典随机中（或许代表着抛掷硬币的结果），我们无法提前得知单个事件的结果是什么，但我们可以将结果集合在一起，形成分布来预测不同结果的概率。在混沌随机中，我们理论上可以准确预测某项结果，但实际上，由于系统太过复杂，任何曾经发生过的事情都会导致惊人的巨大变化，因而每次结果都出乎我们的意料。

然而从已经列举过的例子来看，我们无法做出预测的原因，往往出自缺少掌握足够有力的数据和足够精细的模型。在抛掷硬币的过程中，出现正面和反面的概率为50：50，对于单次抛掷而言，若是掌握了环境、硬币、抛掷方式的所有信息，理论上可以通过牛顿定律精确预测出抛掷结果。

同理，虽然我们无法在实际中通过系统建模来判断哪本书会大卖、哪本书不会，但可以想象到一种理论模型，与现实世界一样复杂，对每个人、每本书、每个决定，进行建模，以此帮助我们做出很好的预测。我们永远不可能在现实中做到这一点，是因为我们既无法收集有效数据，也无法建成如此复杂的模型。（同时，因为这是一项混沌随机事件，所以初始条件中的一点小小改变，便会使结果发生巨大改变。）但在理论上，只要有如同世界一般复杂的计算机，我们便可以输入数据，预测出下一本畅销书是什么。

然而，现实世界总是以随机性给我们一个措手不及。一个又一个的粒子组成了所有的物质，产生了光、承载维系宇宙形成整体的各种力，若我们去检视单个粒子层面上所发生的事件，便会发现随机性的源头正在此处。即便我们拥有完美的信息和无限的计算能力，也无法让我们能够去预测单个量子事件的结果。这就是真正的随机性统治的领域。

10 真正的随机

驱动天气变化的随机性中，较显著的那部分体现了混沌随机自相矛盾的本质——从学术角度出发，天气变化仍然是确定性过程，但事实上我们无法精确计算，并且纵观众多观察结果，相比经典随机所呈现的分布，天气变化更不可测。然而在某种意义上，混沌随机至少是我们可接受的存在。

或许我们无法预测接下来会发生什么，但可以放宽心，因为我们知道这不受控制的一切的背后，是我们所熟知的牛顿机械宇宙原理。或许在此系统中所有部件间的互动太过复杂，远远超过了我们能够理解的程度，但我们可以确定，每一个部件都具有稳健的行为，且可预测。但20世纪的物理学却发生了出乎意料的转变。真相竟是宇宙中存在真正的随机性。真相的核心之处，潜伏着一头怪兽。

这一切都始于科学家们对一项理论所尝试的修补手术，该理论想要预测不可能的事件。我们加热某个物品，它会开始发光。例如，熔炉中的铁块，它被烧得越来越热。首先，它会释放出红外线“光辉”，我们可以通过皮肤感知，却无法以肉眼看见。温度再高一点，铁块便开始发出红光，然后是黄光，最后是白光。随着温度升高，光的频率也越来越高。但19世纪末，科学家们通过计算预测，接下来会发生更加骇人听闻的事情——着实骇人听闻，以至于科学家们将其称为“紫外灾难”（The ultraviolet catastrophe）。

当时的最佳理论提到，黑体（blackbody，一种理想模型的物体，可以释放或吸收任何频率的光）应该在所有频率上大量释放辐射。光辐射的频率越高，释放的能量越多，所有黑体爆发出的总能量会达到无穷大。虽然黑体是理论上的物体，但在现实世界中有许多事物都近似于黑体——近似到人们期待这些事物能倾泻出近乎无穷量的光。其实，它们并没有这样的行为。如果黑体真实存在，我们生活的宇宙绝不可能如此稳定，甚至人类也不可能出现。这一理论明显有问题。

科学家们想回避这一问题，却得到了解决这一灾难的办法。年轻的德国科学家马克斯·普朗克（Max Plank）找到了一种方法来遏制黑体"浪费"能量。普朗克意识到，若要能够产生无穷量的能量，只能是对能量越来越高的光波进行累加，且累加的过程中，光波能量的增量还会越来越小。该过程有些类似如下数列相加：

$$1 + 1/2 + 1/3 + 1/4 + 1/5 + \cdots$$

虽然数列中的每一项都比前一项更小，但数列减小的速度不够快，不会减小到0，所以所有分数之和为无穷大。普朗克意识到，如果某个物体以有限大小的"块"的形式辐射出光粒子，上述过程便会停止下来。例如，我们设想上述"块"的大小止步于1/12，则此数列为：

$$1 + 1/2 + 1/3 + 1/4 + 1/6 + 1/12 = 7/3$$

现在数列中能够出现的分数只能是1/12的倍数，比如1/2（6 × 1/12）或1/3（4 × 1/12）。我们遏制住了这一无限数列，并使它的和也变为了有限。同理，普朗克坚定认为光的能量以"包"的形式释放，其数量的变化并非连续，由此便能够解决这一问题，使得光的释放被限制在了有限的能量范围内。爱因斯坦将这一包能量称为"量子"（quanta），并认为它并非真实存在的玩意。普朗克并不认为光也以"包"的形式存在。光以"包"的形式存在这一想法很愚蠢——当时所有人都知道光是波，其能量变化应当连续不间断。普朗克认为他当时所做的工作就是在数学上找到办法修正这一问题，而并不一定要反映现实本质。

如普朗克后来所言："整个过程都让人绝望，因为无论需要付出多么高昂的代价，都要在理论上找到解释。"普朗克或许应该多回顾一下历史。曾经，哥白尼提出日心说，反驳了世俗的地心说，并为该重要理论构建了"便于理解计算过程"的模型，却被人们认为与现实毫无相似之处。现在看看，结果如何？

1900年，普朗克42岁，他首次提出了自己的理论。那时他还没上年纪，却已固步自封。他绝不能容忍光以"包"的形式传播的观点。但5年后，当时年仅26岁的阿尔伯特·爱因斯坦并不在意是否遵循老旧观点。在爱因斯坦发表著名的狭义相对论同年，他的另一篇论文将光量子（quanta of light）解读为表象，并获得了诺贝尔奖。他还用光量子解释了光电效应（photoelectric effect）。

当我们把光照到某个物质上，光将电子从原子中撞击出去，于是便产生了电流。倘若光是连续不间断的波，那么我们可以预计，光越明亮，则撞击出的电子越多，此过程与光的频率无关。然而人们所发现的事实是，低于一定频率阈值的光，无论将它调到多亮，都无法撞击出电子。如果光确实以"包"的形式传播，这就可以解释得通了。如果光"包"的能量不足，无论光有多明亮，都无法撼动电子。

让普朗克等人更难以容忍的是，爱因斯坦还证明了光可以采用与气体粒子相同的统计方法——相比波的集合形式，光更适用于量子集合的形式［最终于1926年，化学家吉尔伯特·路易斯（Gilbert Lewis）将之命名为"光子"（photon）］。1913年，普朗克向普鲁士科学院（Prussian Academy of Sciences）举荐了爱因斯坦，却明显不满意爱因斯坦的观点。普朗克要求科学院，即使爱因斯坦有时"在其推测中迷失了目标，比如他的光量子理论"，也不要断然驳回他的申请。

世骰界子 探索量子原子

普朗克与爱因斯坦的成果开启了物理学的重大事件——事实上可以说这是物理学的两块基石之一——并且即将展现宇宙的核心即具有随机性：量子理论（quantum theory）。下一位向着随机性进发的人，对于爱因斯坦而言，就如同爱因斯坦与普朗克的关系一样——这位就是丹麦物理学家尼尔斯·玻尔（Neils Bohr）。玻尔完全颠覆了爱因斯坦的观点，并以此解释了原子的结构。玻尔想：原子为什么只以“包”的形式吸收或释放光呢？

玻尔认为，电子在原子外围的轨道上快速运行着，这强烈地迎合了人类基于观察而建立模型的倾向。玻尔已经知道，行星在轨道上围绕太阳运行，那么电子以相同方式在轨道上围绕原子运行也就合情合理了。随后它便形成了一种简单、易识别的原子象征，并沿用至今，它将原子表现为一个微缩的太阳系。可是太遗憾了，如此描述原子的方式大错特错，玻尔也几乎立刻就意识到了这一点。

其中的问题在于，任何改变运动方向的物体都有加速度——而轨道上的电子则在不断改变运动方向。同时我们知道，加速的电子会释放光，并失去能量，如此便会造成比紫外灾难更严重的灾难。如果电子真的如行星一般围绕原子运行，那么每个原子的电子几乎都会不断失去能量，使得它们向原子核盘旋靠近，于是所有物质终将走向灭亡。

玻尔后来提出，电子只能在固定轨道上围绕原子运行，以此来修正此问题。或许他将轨道描述为“跑道”会更好。人造卫星可以在任意轨道上围绕地球运行，但玻尔所说的电子轨道与原子核却有着固定的距离。电子不会逐渐地向原子内部或外部飘移，它只会从一条轨道瞬间跃迁到下一条轨道，而不会经过轨道之间的空间，这是量子跃迁（quantum leap）。电子向低能级跃迁时，原子会释放出一个光子。电子向高能级跃迁时，就必须得吸收一个光子。此模型非常有说服力，因为它甚至解释了为何特定原子只吸收或释放特定颜色的光——因为光子的能量与电子跃迁的能级相对应。

玻尔的观点掀起了一场物理学革命，同时，这一观点让路易·德布罗意（Prince Louis de Broglie）、沃纳·海森堡（Werner Heisenberg）、埃尔温·薛定谔（Erwin Schrödinger）以及保罗·狄拉克（Paul Dirac）等人用相对简单的概念解释了原子的结构，使之成为一门全新的科学，研究光子、电子、原子等微小粒子的运作方式。他们发现，不但光可以表现的像是粒子，构成物质的各组分也可以表现得像波。这种全新而奇异的波粒具有何种行为，还需要一些方法来进行确定，而薛定谔认为，他已经给出了方程来描述电子等粒子在时间线上的运行方式。但这一理论再一次产生了荒谬的结果。

薛定谔的波动方程（wave equation）预测，既然电子这类粒子也具有波的表象，那么随时间推移，它便会发生扩散。（此波类似于扔一块石头到平静的水池中时所产生的涟漪，而非大海中的波涛。此波形如圆圈，向四周扩散。通过薛定谔的方程计算可得，粒子的表象就如同涟漪，只不过它在同一时刻具有三个维度的波动方向。）很明显，光子、电子、原子的扩散方式并非如此——除此之外，波动方程与实际情况均十分吻合。

爱因斯坦的一位朋友——物理学家马克斯·玻恩（Max Born）解决了薛定谔的问题。在薛定谔的假设中，方程描述了粒子所在的位置与其运行方式，但玻恩则认为，薛定谔方程得出的是粒子会在某个具体位置出现的概率。因此，薛定谔方程确定的并非电子的位置，电子也并非如同涟漪一般向所有方向扩散；该方程表达的是，随着时间的推移，电子可以出现在多个不同的位置，且该方程还给出了电子在各个位置出现的概率。

玻恩此招绝妙，完美地解决了问题。该理论非常有效，自此以后收集到的所有实验数据都以惊人的精确度吻合于观测结果。但他们付出了高昂的代价。玻恩的量子粒子并非明确的具有确定位置的实体，而是模糊的概率云，在测量之前会随着时间变得越来越不相干。

骰子世界 光的革命

一些科学家试图将光描述为粒子的集合，却面临着一大难题，而解决这一难题关键的实验，便是阐明了量子粒子本质的杨氏双缝实验（Young's slits）。该实验简单，却给牛顿的光微粒说带来了致命一击，并且证实了与之相反的理论——光的波动学说。1801年，托马斯·杨（Thomas Young）用一束光照过两条狭窄的平行缝隙。光穿过狭缝并落到背后的屏幕上，若光由粒子构成，则会在屏幕上形成两条明亮的光带，然而屏幕上形成的却是明暗相间的条纹。

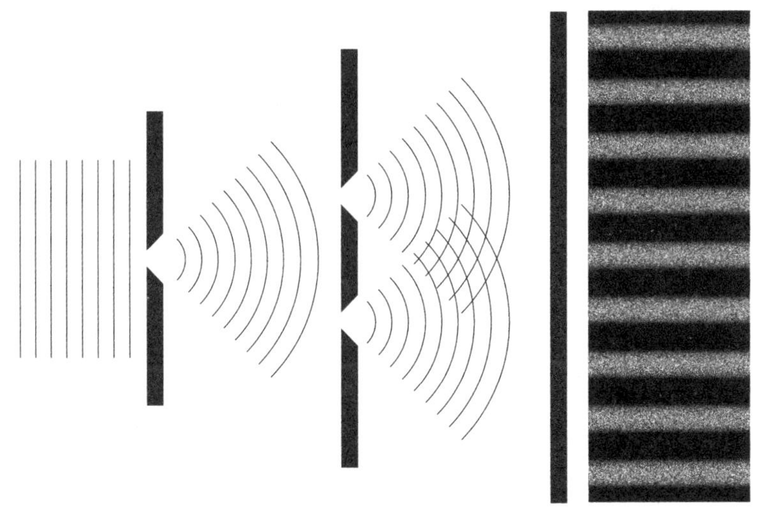

杨氏双缝实验

杨对这一效应的解释是，光是一种波，在传播过程中来回振动。光束穿过两条狭缝，随后相遇，基于光束到达屏幕时各自的姿态——若两列波朝相同方向波动，则会相互增强，形成明纹；若两列波朝相反方向波动，则会相互抵消，形成暗纹。而光的粒子学说则似乎无法解释这一现象。一束粒子应当会在两条狭缝相对应的位置各形成一束明亮的光带。

然而，玻恩通过重新解读薛定谔方程，使我们可以理解其间到底发生了什么。设想我们每次只向杨氏双缝发射单粒光子。自这一设想开始出现，该实验已经进行过许多次。随时间积累，越来越多的光子通过了双缝，我们熟悉的明暗条纹便形成了。若光子只是一颗小小的有形颗粒，这一现象便无法说通。但若光子的位置由概率波描述，则光子不会具有确切的位置。在某个时刻，它的存在位置会是一个范围的集合，对集合中的单个位置而言，光子会有不同的出现概率，薛定谔方程对该概率进行了描述。这就意味着一个光子可以穿过两条狭缝，并（以概率的方式）自我干涉，形成必然的结果。

倘若实验者决定在其中一条狭缝中放入探测器，尝试去捕捉光信号，光子决不会买账。尽管探测器可以让光线继续穿过狭缝，但条纹仍然会消失，转而表现得像一群传统粒子那样，形成两条明亮的光条。探测器的测量会使光子在不同位置上的概率性存在坍缩，使得光子具有了真实的位置存在，因此只会穿过一条狭缝，明暗系统也由此消失。

骰子世界 不确定的情况

量子理论最著名的进步之一，即海森堡不确定性原理（Heisenberg's Uncertainly Principle），同样蕴含着量子粒子的这一模糊性。跟许多量子物理理论一样，这一理论的名字同样受到许多人喜爱，但这些人又不愿意费心去了解该理论的内在科学含义，因而常常将其滥用，让人头疼。他们将不确定性原理理解为：世上一切均不可确定，或认为世上一切皆可发生。事实上，不确定性原理的含义非常明确。它指出，量子粒子具有成对的属性，且相互关联。对其中一种属性的了解越精确，对另一种属性的了解就会越模糊。

量子粒子的属性分为好几对，而最著名的就是动量和位置。动量是粒子的质量乘以速度。若我们精确地测定了粒子的动量，那么它的位置就不能确定；反之，若粒子的位置确定，则其动量不确定。然而通常情况下，我们对每一种属性所掌握的信息均处于完全确定与完全不确定之间的某个位置上。

虽然不确定性原理源于数学，但我们可以通过类比来了解一下它：例如，我们正在给一个移动的物体拍照。在拍照过程中，我们在某种意义上正在使现实世界量子化，用一连串快门将现实世界切片。每一次按下快门，我们便做出了一次选择。若使用短曝光，移动的物体便会失去时间信息，瞬间静止于确定位置。但从照片上，我们完全无法判断物体移动的方式。就我能得到的信息而言，它可以被认定为处于完全静止状态。

我们也可以使用长曝光，比如10秒曝光。若物体以某速度移动，则它在照片上便会形成一条模糊的残影。若我们从照片上测量物体在这段时间内移动的距离，便能计算出它移动的速度。但在这张照片中，我们却不能得出该物体的确切位置——它存在于残影覆盖的所有位置。但这仅仅只是类比。在模糊残影的照片上，我们依然能针对特定时间找出物体所处的位置，但面对真正的量子粒子，我们却无能为力——那是真正的不确定性。

随着越来越多的细节丰富了量子理论，该理论也得到了实验的反复验证。最终，量子电动力学（QED，Quantum Electrodynamics）的预测会证实，它将与基于各种已知理论的实验实现最为精确匹配。理查德·费曼将精确度进行了比拟，他将其描述为测量美国东、西海岸两座城市距离时，能达到头发丝的精度。尽管如此，量子物理学依然使人困惑，也令人担忧。我们有形的、明显坚实可靠的世界，又怎会构建在模糊的概率之上呢？我们所知的万事万物真的有可能基于这种行为随机的粒子而存在吗？

埃尔温·薛定谔的小猫将使这种确定与不确定间的摇摆固定下来。

11 不要量子猫

即使是最为洞悉量子理论各个细节的人也承认，量子理论简直令人匪夷所思。这是理查德·费曼在一次面向公众的讲座上，对自己在量子力学中的专业领域QED所作的评论，以此强调他的听众不必为难以理解量子理论而忧心忡忡：

> 我即将告诉大家的，是我们在研究生院第三年或第四年为物理学研究生授课的内容——你们觉得，我会向你们解释这些内容，好让你们理解这一理论？不是的，你们听不懂。那么，我为什么还要费力与你们说这些呢？为什么大家听不懂我要讲的内容，还要一直坐在这儿呢？我的任务就是要说服大家不要因为听不懂就转身离开。你们瞧着吧，我的物理专业学生同样听不懂。因为我自己都不懂。就没有人懂，好吧。

费曼指出，只要一个理论能成功预测大自然的行为，那么该理论是否符合于我们通常的世界观，则不再重要了，有时候，科学家们就必须要接受这一点。他继续指出：

> 以常识的角度来看，量子电动力学理论所描述的大自然很荒谬。而它却完全符合实验结果。因此我希望大家能接受大自然本来的样子——荒谬。
>
> 我很乐意同大家讲讲这件荒谬的事，因为我觉得它很是让人愉

悦。请各位不要因为不相信自然如此奇怪便闭目塞听。听我说完，我希望结束时大家会和我一样开心。

不过，并不是每个人都会像费曼一样随和地对待量子理论。一些物理学家为量子理论和量子理论的意义沉沦挣扎。症结点似乎重点在于量子世界与日常生活的“宏观”世界截然不同。在量子粒子层面，事物可以同时处于多个位置，可以“隧穿”（tunnelling）一段距离而且并不经过其中的空间，同时还只能通过概率的随机选择来预测它们的行为——在事情发生之前，一切均不确定。

反观宏观世界的物体们，它们似乎并未察觉到这一新鲜思路。它们依然在按照之前的方式运转，遵照着新兴量子理论诞生之前的规则。譬如一颗球，它不可能同时落在两个位置，显然也不可能隧穿一个固体，并且它的行为也可以用牛顿运动定律预测。然而，这颗球却由量子粒子构成，所有量子粒子都行踪诡秘。既然这颗球由原子的模糊概率构成，我们又怎么会得到一颗这般听话的球呢？

骰子世界　在量子隧道中

我们已经了解到量子粒子如何能够同时存在于多个位置，那么我们也来稍微深入地探究一下量子隧穿这一想法。量子理论的那些奇诡产物，却成为让这个有实体的、可预测的世界运转起来的“必需品”，作为一个例子，我们来看看量子隧穿这个奇诡的产物。

牛顿曾在一项实验中发现了量子隧穿现象，但他未意识到究竟发生了何事。当我们以正确角度将光照射进三棱镜时，光会在撞击到玻璃背面时发生反射，并从正面射出。这一过程叫做“全内反射”（total internal reflection）。它很简单，就像你在学校里做的实验一样，并且通常不会有光从玻璃背面射出。牛顿所发现的（但你在学校不会学到的）

是，如果在棱镜边上再放一面棱镜，两面棱镜之间留一条间隙，第二面棱镜上便会透出一束微弱的光。

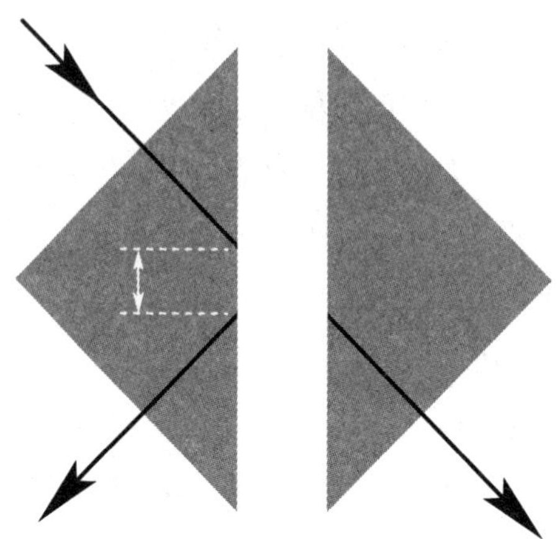

受抑全内反射（frustrated total internal reflection）

牛顿的物理学或许无法解释“受抑全内反射”，但实际发生的却是部分光子隧穿了屏障（即两面棱镜的间隙），直射进入第二个棱镜并保持直线前行。在更广泛的屏障中也发现了其他隧穿的现象。直到相对较近时期，我们才知道并在实验中进行了证实：隧穿过程不耗费任何时间——光子隧穿间隙不耗费时间。

事实上，光子根本没有以移动方式穿过间隙：它在间隙的一边消失了，又在另一边重新出现了。此过程无需时间。（顺便补充一下——这就意味着，从整个行程来看，经历隧穿的光子超越了光速，理论上它的时间会倒流，但由于隧穿只在很短的距离内起作用，因此所产生的时间位移太小，无法起到任何作用。）

倘若隧穿只发生在专业仪器上，我们可能会将此定义为量子理论的一个小古怪并忽略不计。但若不存在隧穿，人类便不可能存活。太阳因核聚变而伟大。要发生核聚变，氢离子[①]必须相互挤得非常近。但氢离

① 作者注：氢离子是氢原子失去了唯一电子所形成的质子。

子的正电荷斥力太强，即使是太阳的热量和压力都不足以使它们紧密相靠。这些氢离子能聚变的唯一原因，便是它们隧穿了电磁斥力产生的屏障。这样的隧穿事件非常罕见——但由于氢原子非常多，以至于每秒都有数百万吨的氢离子发生聚变反应。

因此，量子理论在这一方面的确古怪——粒子穿过屏障只需在一边消失又在另一边出现而无需穿梭其中的空间——缺少这一现象，太阳便无法运转，人类不会存活在世上。一旦意识到这一点，我们便很难再认为量子理论很抽象，与“现实”世界毫无关联。

世界骰子 是死是活？

量子理论在概率上表现出的不明确性与现实世界的确定性难以联系起来，作为量子理论奠基者之一，埃尔温·薛定谔为此感到十分恼怒，因而他构思出了一个在所有科学中最为著名的思想实验——薛定谔的猫。这一概念会被频繁提及，但即使你已对此非常熟悉，它也值得我们在此进一步探讨，只为强调究竟是什么，会让这么多人忧心忡忡。

我们从量子版杨氏双缝（见第99页）实验观察到的结果开始吧。倘若每次发射一个光子穿过杨氏双缝，便会得到常见的明暗条纹。但如果在一条狭缝中放入一个探测器，那么光子便会被迫穿过某一条狭缝，明暗条纹则会消失。一般而言，按照薛定谔方程，一颗粒子可以以相应概率出现于几乎任何位置。但若一旦通过测量对其进行确定，粒子必定会终止于某一位置。此过程被描述为波形坍缩（waveform collapse）的其中一种。波形是薛定谔方程所计算出的结果，坍缩带来了具体位置。

这一观点引发的问题即是，对粒子进行测量或进行“观察”，牵涉到了什么？物理学家尤金·维格纳（Eugene Wigner）认为，人的意识以某种方式与粒子的波形产生了互动，大脑意识使波形发生了坍缩。尽管有些人现在依然支持该观点，但许多科学家从一开始就在质疑，并且这一观点也促使薛定谔开始了猫的假想实验。

薛定谔的猫

在此实验中（必须强调，该实验从未在现实中实施），一只猫被放入了箱中，箱内安装有致命毒气小瓶。箱内同时还有放射性粒子，可能在任何时间点发生衰变，但我们无法确定到底是什么时候。于放射性而言，我们能知道的只是一颗粒子有一定的概率发生衰变；任何特定的粒子群中，一半粒子会在已知周期内衰变（称为半衰期）。但我们并不清楚哪些粒子会进入半衰期，或某一颗粒子会在什么时候衰变。我们只知道有这样的概率。

终于，我们有了一个巧妙的小装置，有点像盖革计数器（Geiger counter），它可以监测粒子，发现粒子何时衰变，并收集粒子所产生的辐射。粒子衰变时，这个小装置便会触发一个结构精巧的装置去打碎小瓶，释放毒气，杀死可怜的小猫。

重点来了。我们关上箱子稍等片刻。此时粒子会在同一时刻处于两种状态之中。正如薛定谔方程所示，随着时间的推移，一颗粒子远离原始位置的概率会增大，同理它也告诉我们，随着时间的推移，放射性粒子衰变的概率也会增大。一段时间过去后，粒子既以一种概率处于未衰变状态，又以另一种概率处于衰变状态。因为这是量子粒子，因而不存在隐藏值——它不处于某种确切的状态。实际的状态只有当粒子被观察时才会出现。若粒子既衰变又未衰变，那么似乎就表明探测器既被触发了又未被触发，因此小猫既是死的也是活的。这真让人头疼。

若量子理论不受到任何干涉，那么我们把盒子打开看到猫的一瞬间，波形便会坍缩，并显示出活猫或死猫的状态。但在此之前，小猫都是既生又死的。许多人提出，探测器的存在就足以使波形坍缩，即可判断小猫的生死。但跟随维格纳脚步的人却会由衷地相信小猫同时处于两种状态。

更晚些时候，多亏了“退相干”（decoherence）的概念，科学界的小猫们才能松一口气。大体而言，退相干指某一量子粒子与其周围环境产生了联系（通常是与另一量子粒子互动），此时的结果便表现出波形坍缩。探测器和装猫的箱子中有大量量子粒子，仅仅是它们存在这一事实，就足以导致退相干发生，实现从纯概率到现实的转变。

在技术层面上，退相干与真正的波形坍缩有些细微差别——退相干中发生的事件，实际上是粒子的波形与周围环境中的粒子波形发生纠缠。但其结果表现就是粒子的行为如宏观世界一样，可预测性更强，仿佛是波形已坍缩。它失去了大量的量子怪异特征。因此，退相干成为了尝试构建量子计算机的科学家们一直在攻克的问题，因为他们必须保证量子粒子处于纯粹的概率状态。

世界骰子 解读量子

无论如何，光怪陆离的量子世界，与无聊又可预测的宏观世界之间，界线必然由人界定。如果不是由人来划定，两者间的界线又该在何处？我们知道，一个原子会表现出量子行为，两个原子也同样如此。物理学家们已经成功用巴克球（buckyballs）进行了杨氏双缝“同时出现在两个位置”的实验。巴克球，更准确的名字叫做“巴克敏斯特富勒烯”（Buckminsterfullerene）分子，是一种近似球形的碳分子，由60个碳原子组成，外观极似足球。据称，用某种微小的病毒也能达成相同的效果。那么量子与普通“宏观”事物的分界线应该划在哪儿呢？

这与前辈科学家试图解释气体性质时所面临的困难截然不同。前辈科学家们可以不使用某种统计学方法，仅仅是反映了计算量以及数据的规模难以控制，需要用别的统计学方法。在量子时代之前，我们无法测量、跟踪传统意义气体中的每一个原子。要做这件事，不仅是需要花费长到无法想象的时间，而且做起来也不切实际。但统计学方法能让我们把握到总体情况，对宏观层面所发生的事情有大致了解，意识到我们的数据建立在可靠的现实基础之上、原子层次之下。而随着量子理论乍现，这一基础土崩瓦解，唯余空中楼阁。

最初解决这一问题的办法直到现在依然受到诸多物理学家认可，那就是耸耸肩膀说：“啊，行吧，它就是这样。这些数据还能用——只要这些数据还能用，我们就可以忽略表象之下的东西，同时接受我们并不理解（且永远不可能理解）这一问题的事实。”这种态度是“哥本哈根诠释”（Copenhagen interpretation）的核心，由尼尔斯·玻尔和沃纳·海森堡在1927年时创立，试图为量子理论补苴罅漏。哥本哈根诠释简单地表述了一个观点：在进行测量之前，没有任何有意义的事件存在。粒子在哪里、它在做什么，这些思虑毫无意义，其答案仅仅就是一团乱麻般的概率。在进行测量之前，一切存在均不真实。

还有其他许多可行的解释和诠释，大都是哥本哈根诠释的变体。于我本人而言，即使是考虑到诸如退相干等概念，也非常赞同哥本哈根诠释的含义。放任表象之下、在量子层面“实际”发生的情况不管，它是我们无需操心的事情，我很喜欢这样的思路。我甚至还很喜欢随机性在表象之下汩汩流淌的想法。但并不是所有人都喜欢它。下一章我们将会看到，爱因斯坦甚至对此感到害怕。一些物理学家认为，或许还会有另一种差异巨大的量子理论诠释，可以将正在发生的事件解释得更好：唯一的问题是，要使此观点成立，你就必须得接受现实不止一种，而是有许多，现实存在具有多种平行版本。这一诠释方式通常被称作“多世界诠释”（Many Worlds）。

“多世界诠释”要追溯到1957年，一位名叫休·艾弗雷特（Hugh Everett）的年轻科学家认为他无法接受哥本哈根观点，并写了一篇具有争议的博士论文来证明可以如何规避哥本哈根诠释。在“多世界诠释”中，只要出现一次量子“决定”，宇宙就会一分为二。两个版本的宇宙因此而平行存在。这是宇宙中每个量子粒子的每一次相互作用的结果，因此在这样的场景下，就的确会存在多个世界。

某种程度上，多世界很有魅力。我们再也无需担心一个光子可以同时处于两个位置，还会同时穿过杨氏实验的两条狭缝了。现在分裂的是现实世界。一个宇宙中，光子穿过了左边的狭缝，另一个宇宙中光子穿过了右边的狭缝。尽管我们终究只能历经一个宇宙——这也是探测器会让光子通过某一条狭缝的原因——但我们能看见这些不同宇宙之间互动的结果，即形成明暗相间条纹这一干涉图样。

对于热衷于“多世界诠释”的人而言，薛定谔的猫毫无神秘可言。在一个世界上，小猫活着；另一个世界上，小猫死了。我们处于宇宙的一条分支上，因此只能感受到小猫的一种状态。在单独一个宇宙中，小猫决不会同时既生又死。在“多世界”的现实中，波形不会坍缩，因为所有可能的结果都存在，只是各自存在于自己所在的现实分支上。

对于许多观察者而言，“多世界”增添了一层荒谬的复杂性，却只是为了应对一条诠释所带来的不适感。常识告诉我们，宇宙不可能如兔子产崽一样成倍增加（但常识在量子物理学范畴也少有正确之处）。每种诠释都有其优势，一些体现在数学方面，一些体现在精神方面。在特定条件下，“多世界诠释”也有其用武之地，如在逆时光旅行产生的悖论有机会被解决掉的情况之下。到目前为止，还没有实验证据支持“多世界诠释”——事实上，我们没有办法确定哪一种诠释更接近现实，只看各自的偏好罢了。

你总会读到一些报告称哥本哈根诠释已不再受欢迎，绝大多数物理学家更偏好多世界诠释。我就是不信。多世界诠释的核心成员在大声表达自己的观点，但我怀疑除了那部分骨干，其他大部分人或许会认为多世界诠释有趣，但并不是全心全意地支持这一观点。我站在这支队伍一边。

无论是哪种诠释，量子理论的可怕之处都在于：它使随机性成为现实，同时它基于概率行为而存在。人类如此执着于规律，希望日常行为可靠，于是让许多人对量子理论感到不自在。尤为焦虑于此的人，便是量子理论的最早奠基者之一——阿尔伯特·爱因斯坦。

12　再回荒谬世界

想想20世纪有哪些最具革命意义的科学家。你也别去挖空心思地想。大概率你会想起阿尔伯特·爱因斯坦，是不是？爱因斯坦不仅通过假设光量子的存在解决了光电效应的问题，而且还解释了布朗运动（Brownian motion），第一次提出了原子存在的正确认识[①]。他提出了狭义相对论，指出在物体快速运动的情形下，我们应如何修正牛顿力学。他还发展出广义相对论，最终解释了万有引力的作用机制——甩下牛顿用基础数学所预测的引力强度几个天文距离。

关于爱因斯坦，我们还能想到一些熟悉的形象——顶着乱糟糟头发的老头吐出舌头做着鬼脸——由此能明显看出他是一位在各个方面都反传统的人。因此很难想象这位极具革命性与独创性的智者根本无法接受量子理论（以及其构成的现实世界）的核心是概率。正如马克斯·普朗克在发现自己理论中的光量子竟然真实存在后感到不安，爱因斯坦也惧怕自己所提出的量子真实存在会将概率牵扯进自然世界。许多年以来，爱因斯坦即使一直在忙碌于用广义相对论推翻引力中的既有观点，他也依然会挤时间去寻找量子理论的错误来将其推翻。

我们来看看他写给同事兼挚友，物理学家马克斯·玻恩的信件便可略知一二。1924年他写道：

---

① 作者注：布朗运动指悬浮在流体中诸如花粉等微粒所做的永不停息的无规则运动。它由流体中的原子或分子撞击花粉所引起。难以置信的是，在1905年爱因斯坦撰写关于布朗运动的论文时，许多科学家并不相信原子真实存在，他们认为原子仅是有用的模型，而非自然界的真实一面。

> 我无法容忍这个观点，它认为暴露于辐射中的电子应该按电子自己的自由意志选择，不仅要选择跃迁的时刻，还要选择跃迁的方向。若是这样，我宁愿当个臭皮匠，甚至是去赌场当个荷官，都不要当个物理学家。

大约两年后他补充道：

> 量子力学当然非常宏伟。但我内心深处有个声音在说，它还不是真实的东西。量子理论里讲了很多，但相较于“旧理论”，它并没有让我们距离秘密更接近哪怕一点点。无论如何，我，都坚信上帝不玩骰子。

我们常见的“上帝不玩骰子”即源自这句话。爱因斯坦发现，原子衰变，或其他概率驱动的量子事件背后似乎不存在诱因，这让爱因斯坦感到烦恼。没有什么会指示放射性原子在何时衰变，或光子去穿过哪条杨氏双缝。这些都让爱因斯坦无法忍受。他坚信，自然界中一定隐藏着什么我们无法触及的东西，这些隐藏着的信息能让我们知道量子事件何时、如何发生。这些隐藏起来的信息我们或许无法找到，但它必定存在。

自牛顿时代开始，就有一个经典问题一直困扰着物理学家们。那是个绝妙的量子力学事件，我们自己就能做实验，而这个事件清楚地说明了上面一切为何会让爱因斯坦如此恼火。这个实验的条件只需夜晚、有电灯和窗的屋子。

世骰界子 量子力学之窗

站在屋子里，打开灯，看向窗户。你会看到房间和自身在玻璃窗上映出的倒影。屋外的黑暗让玻璃窗变成了一面镜子。现在出门去，再从外面看向同一扇窗户。你可以轻松地看到室内。我们来看看这系列事件中究竟发生了什么。屋内的一些光透过窗户照射了出去。必须得有光透出去，否则你无法从外面看见屋内的情况。还有一些光（相较之下少很多）反射回了屋内，所以你才能在屋内看见玻璃窗上的影子。这一现象一直都存在——并不是黑暗让这一现象发生，它只是保证了窗上反射的光线不会像在白天一样被室外倾泻进来的光吞没。我们看见星星也是同样的原理。即使在昼间，星星也一直“挂”在天上，我们看不见它们只是因为它们被阳光吞没了。

现在我们来想象一下，在单个光子层面发生了什么。有一个光子撞击到了玻璃的表面。这个光子可能会直接穿过玻璃，也可能会被吸收，再沿原路重新发射一个光子回来（即我们通常意义上认为的反射）。一些光子撞击到玻璃表面（比如说有10%的光子吧）会返回屋内；而另一些光子（此时就是90%的光子）会穿透玻璃。这很符合实际情况。但是，具体到某个光子而言，它是如何得知自己该干什么呢？它是要反射回来，还是该穿过玻璃呢？我们可以放心大胆地说有10%（先不考虑实际的具体值是多少）的光子会反射回来。但针对任一特定的光子，其行为都一定要在二者中择其一。一个光子会如何选择其行为，我们根本没有任何线索，反射或不反射的结局，纯属概率问题。

牛顿对此持有异议，因为他有自身根据地相信光由粒子组成，他称之为“微粒”（corpuscles）。他很努力地想要解释为何某个特定粒子的结局会是反射或是穿过玻璃。他能想到只有一个原因：玻璃表面存在瑕疵——例如，玻璃上有细小的划痕、不平整的地方，或是尘粒，导致了反射。在牛顿的模型中，一块完全光滑、平整的玻璃将不会把任何光子反射回房间。可惜牛顿错了，事实证明并非如此。无论玻璃表面有多么完美，都会反射光子。

如上面描述的现象，即一束光被分为两束或多束，其中起作用的玻璃，在学术上称为“分束镜”(beam splitter)。然而上述还不是分束镜最为怪异处。更奇怪的是，若玻璃片的厚度不同，则房间玻璃内侧面上反射光子的百分比也有高低之分。(当然玻璃外侧面，即室外面也有反射，但在此情况下我们将之忽略。）因此，在未知原因作用下，光子击中玻璃时不仅要决定它自己是否发生反射，还要提前得知玻璃的厚度以保证反射概率正确。这实在是奇怪。

要搞清楚这块玻璃中究竟在发生什么事（谁会想到一块简简单单的玻璃还能代表精密科技呢?)，我们必须回头看看伟大的物理学家理查德·费曼的杰作。我们已经知道费曼那项对粒子可能路径进行求和的想法。这是他研究QED的方法学中的一部分，而QED则是研究光与物质相互作用的科学。

一般而言，光子由原子中的电子能量降级（量子跃迁到更低能态）时产生。光子以光速带走电子失去的能量，并保留该能量直到它与另一电子再次发生相互作用。后面的电子既可以是邻近原子中的电子，也可以是光子在茫茫宇宙中跨越百万光年后相遇的电子。电子将光子吸收后，自己会跃迁到更高能态。这是光与物质之间相互作用最为重要的基础部分。

玻璃窗里的电子吸收了光子后，又会向任意方向重新发射光子——事实上，根据费曼的QED研究方法，光子正是被发射向了所有可能的方向，但每个方向的相位与概率都不相同。然后我们将所有不同的路径相加，许多路径便会相互抵消，于是我们通常会得到一个简单的反射，就像光从镜面反弹出来一样——但在实际情况中，光子完全没有反弹的动作。

要了解玻璃窗上究竟发生了什么，我们必须从光子与电子产生互动开始，直到它穿过玻璃的整个过程全部纳入考虑，看看其中所有可能的互动和路径，将其进行通盘考察。这就是玻璃厚度会影响房间内侧反射的原因。不同厚度会使重新发射的光子处于不同相位，因而抵消其他某些光子。因此，正是光子在穿过玻璃的整个过程中与电子会发生的各种概率性相互作用，决定了房间内侧玻璃“反射”的最终结果。同时，我们还要谨记，我们完全无法预测某一特定光子在每一次与电子的互动中会发生什么。每次互动都只是概率而已，所有概率加在一起才形成了最终的结果。

骰子世界　爱因斯坦未曾意识到的真相

爱因斯坦确信，一定有某个更合理的理由来解释自然界中的现象，而非断言“随机性作主导”。爱因斯坦对概率和统计学这两门学科没有意见。在原子以及以用气体理解光等工作中，他也大量地用到了统计学。但于他而言，现象中所浮现的概率应当要反映出隐含的真相，概率不应该是自然的某个基础部分。

举个非常简单的例子。假设有100个男人和100个女人在屋子里转悠。给点时间让他们在屋子里完全打乱顺序，然后打开屋门，将离门最近的人挑出来。此人是女性的概率为50%，但这一概率并不代表人的任何本质问题。即使没有进行观察，此人也不会是半男半女的状态。这个人是女性，其背后总是存在某些潜藏着的真相，只是在开门之前，这一真相被隐藏了起来。这便是爱因斯坦所相信的量子粒子应有的模样。

多年来，爱因斯坦向量子大师尼尔斯·玻尔抛去了一系列思想实验，每个实验都意在质疑量子理论的本质。一开始玻尔对整件事情还有所疑惑，但经过一段时间后，这件事似乎发展成了两人间开心憧憬的游戏。他们会在一些研讨会上见面——研讨会很可能与量子理论毫无关系。在早餐期间，或者是会议中间的茶歇时段，爱因斯坦会向玻尔提出质询，展示某些在他认识中体现了量子物理学瑕疵的问题。玻尔则会针对这一思想实验琢磨几个小时，随后向爱因斯坦指出他在哪里出了错。

这样过招的最后一次是在1930年，爱因斯坦在某次自由会面时提出了质询。但在接下来的5年里，这位伟人将闲暇时光聚拢起来，对随机性作为量子理论的重要基础提出了终极质询。如同爱因斯坦的大部分质询一样，这一次也是思想实验，无需实际展开试验便可探究该理论。而这一次，爱因斯坦认为他就要胜利了。这次他没有在早餐时间提出问题，而是正式以科学论文的形式发表了出来。该论文题目为《物理现实的量子力学描述能否认为是完备的？》（*Can Quantum-Mechanical Description of Physical Reality Be Considered Complete?*），题目很长，但幸好在引用时一般只提及作者姓名的首字母：爱因斯坦（Einstien）、波多尔斯基（Podolsky）、罗森（Rosen）——EPR。

理论的前提相对简单。假设有两个量子粒子被人为地以某种方式紧密绑定。目前已有多种方式产生这样的状态，即“量子纠缠”（quantum entanglement）——最简单的一种方式是原子中的电子向更低能态跃迁时，若产生的不是一个光子，而是两个，那么这两个光子便会发生纠缠。一种更容易控制的方法则是利用分束镜来产生量子纠缠，只不过此时的分束镜可比玻璃窗要精细复杂得多。

将这两个纠缠的粒子向相反的方向发射出去。我们给它们足够的时间，让它们分离得足够远，然后对其中一个粒子进行测量。原论文中测量的粒子属性是动量和位置，却让许多人感到疑惑，误以为论文是在质询海森堡的不确定性原理。这可不是爱因斯坦的本意。事实上，在谈起作出动量和位置的选择时，爱因斯坦说道“Ist mir Wurst”[①]。他仅想测量一个属性，处于纠缠状态时，意味着该属性在粒子之间紧密联系。但由于原论文并没有使用单一属性，而是像海森堡那样选择了两种属性来证明这一效应，所以引起了诸多疑惑。

---

① 这句话的德语字面意思为“这对我而言就是香肠”，在德语中大致意为“这在我看来无所谓”。

在更为现代化的EPR实验中，选择的通常是一种被称作“量子自旋”（quantum spin）的属性。量子粒子具有这一属性，并不是量子粒子真的在旋转——只是因为一开始量子粒子被误以为有此行为，从而有了这样的名字，之后也再没改过。在任意特定方向上会有两个值，量子自旋这一属性在同一时刻则只能是其中一个值。例如，若在垂直方向上测量，则只能有“向上”或“向下”其中一种情况。自旋有些类似于光子从玻璃窗上反射的概率。在测量之前，我们不知道此时的自旋状态是什么，我们只知道概率。例如，我们可以知道，粒子有50%的概率向上自旋，也有50%的概率向下自旋。只有在进行测量时，粒子才具有了确定值——比如向上。而在此之前，我们根本无法得知结果会是什么。

现在有趣的事情来了。在第一个粒子被测量出向上自旋的瞬间，与之纠缠的粒子则会向下自旋。在测量之前，第二个粒子也同时处于两种状态——但测量第一个粒子时，它也有了一个特定值。此种情况会即时发生，且无视距离。第二个粒子必须得向下自旋才能保证自旋守恒（spin conservation），就像能量一样，自旋也不能被凭空创造出来——但没人知道两个粒子之间如何互相传递信息。

这似乎有悖于爱因斯坦的狭义相对论，该理论中明确指出信息传递速度不可快于光速。因此，爱因斯坦在EPR论文中声明有两种可能性。要么量子理论错了，在测量之前，就有某些隐藏信息决定了粒子的状态；要么就得废除定域性原理（locality），即粒子会处于某特定位置，且无法与另一个位于遥远距离的粒子以快于光速的速度通信。对于避开定域性的可能性，论文中回答道：“任何对现实的合理定义都不可能允许此情况发生。”

玻尔过了几周时间才回应这篇论文，在回应时，他似乎被论文中的含糊其辞给搞迷糊了。某种意义上，他无法反驳爱因斯坦所说的“要么是量子理论错了，要么现实世界的定域性就可违背”，但爱因斯坦否定定域性只是随心之举，并无科学依据。

当涉及验证这种非此即彼的结论时，我们只能做一个思想实验。然而到20世纪60年代为止，英国物理学家约翰·贝尔（John Bell）才研究出验证这两种可能性的可行指标，而又直到二十年后，法国科学家阿莱恩·阿斯派克特（Alain Aspect）才凑齐实验条件来开展试验。贝尔的方法依赖于观察结果，需要观察光子究竟是存在隐藏信息还是存在即时通信两者之间的微妙差异，不过结果会非常明显。阿斯派克特证明了量子纠缠的确会打破定域性的现实壁垒，让粒子可以跨越距离——跨越任何距离，实现即时通讯。

自此以后，便有了许多实验用到量子纠缠，并且一致证实了爱因斯坦在这件事上错了。爱因斯坦没有活到见证这一切的日子，但这些实验都证实了，现实并没有被某些看不见的隐藏值操控。量子粒子的确以概率状态的形式存在，只有与其他事物互动时（属性测量也好，从玻璃窗简单反射也罢），才会决定它将走向何方。在量子粒子层面，随机性的确就是主宰。

骰子世界 量子加密

即使量子纠缠只能让我们证明随机性与概率在量子世界中的地位，便已经让我们入迷，更何况它还有其他许多方面的作用。此处，我不赘述过多细节（更多细节参考我的书《量子纠缠》），只提一下它给我们带来的三个引人注目的前景：量子纠缠让加密编译无法破解变为可能；量子纠缠为建造量子计算机提供了基础机制；量子纠缠为微缩型的“星际迷航式”传送装置构造了基础。

加密编译是创建代码、密码来保密信息的工作。似乎这只是间谍和军队的活动——保密工作也的确是这些领域的基本活动——但在现代保密科技领域中，间谍和军队还只是相对较小规模的使用者。现在更多使用保密科技的可能是银行业务和商业活动。在登录网上银行或开展网购时，网页的顶部或底部某处会显示一个小小的挂锁图标，指示此次操作为安全交易。

此处的“安全”是指用户与银行或线上商家之间交流的数据已经加密，以某种编码格式完成传输。创建无法破译的编码很容易。[①]编码是用一个特殊的词替代另一个词语或短语的方法。因此，可能有一本编码簿会告诉我，“抗氧化剂”一词代表着：“增派援军，我们要发起进攻了。”而暗码则是一字一符地将信息中的文字替换掉，正如正文所述那样。在通用英语中，“编码”通常用于所有加密，而暗码则更多指用于神神秘秘的不重要事情的加密。此技术已有大约100年的历史。技术中所需的仅为一种被称作“一次一密”（one time pad）的加密法。一次一密加密法会提供一系列随机值（是的，这是随机性的又一种应用），以添加到实际信息中。

例如，我想要传达如下信息：

DICE WORLD

于是，一次一密提供一系列随机数，用于与字母相加。（“字母运算”或许听上去有些奇怪，但其实就是按字母表顺序，将字母转变为数字，以进行数学运算；若是相加的数字达到26，即抵达了字母表的尽头，则又从头开始，因此Z的下一个字母就为A。）我们来试一下。我用可靠的Excel伪随机数生成器生成了一串数字，每个数字用于与一个字母相加。数字如下：

8，13，16，22，12，13，26，2，3，17

再狡猾一点，我将空格当作第27个字母，如此一来，我便更改了原

① 作者注：从技术上讲，我此处提及的是暗码（cipher）而非编码（code）。

本的字母分布状态，让信息加密更为严格。将数字与文本相加后，我得到了：

LVS LINTOU

此举的明智之处在于，这些都是随机字母（其随机性至少达到了随机数生成器所允许的上限）。因此无法凭借任何结构来破译此暗码——因为它根本就没有此类结构。但一次一密也有一个很大的缺点。阅读消息的人必须同样拥有本次的一次一密副本，他才能从字母中减去对应的数字，转换出原始信息。而一旦我将密钥从此处传送到彼处，无论是以纸为媒介还是以电信号为媒介，都会产生被其他人拦截密钥并阅读到信息的风险。

“二战”期间，德国军队著名的恩尼格玛密码机（Enigma machine）就没有采用不可破解的暗码，反而使用了一个难以破解的暗码，原因便在此了。基于某种机制进行暗码编译，替代一次一密，意味着该密码机既可以在两地使用，又不需要在两地之间传送密钥。网上银行也是同理。如果每次登录银行，你都需要获得一组特地通过加密渠道传送的信息，未免太不方便，因此，银行软件采用的是一种难以破译的加密手段，但无需在两地间进行密钥传送也能远程使用。

而量子纠缠则可以使暗码实现一次一密，达成不可破解的安全性同时，还不必担心密钥被拦截。例如，发送方利用了向上自旋与向下自旋概率为50：50的粒子组。他制造了一套这样的纠缠粒子，使每对粒子中，一个处于通信链的发送端，一个处于接收端。发送方现在开始查验这些粒子，将向上自旋设置取值为0，向下自旋设置取值为1，产生一把随机密钥，加入信息中。（此信息本身是二进制编码，因此密钥只需具有两种取值。）随后，一串完全随机的字符，就以传统方式传送（比如无线电）了。

然后，接收者只需利用自己这边粒子的值，将其进行逆转即可。对他而言，向上自旋为1，向下自旋为0。从信息中减去这些值，便解码了信息。其中存在一个极大的好处：在信息发送之前，一次一密的密钥并不存在。它由发送方在开始加密的瞬间产生，对接收方而言，只有在信息处于正在被加密的时间内，密钥才存在。没有人能像提前偷看密码簿然后以之来破解信息那样，在此情形下破译密码，因为密钥不能“提前”存在。

唯一可破除该机制的方法，就是在发送信息前，有人能拦截那些传向接收方的纠缠态粒子，提前触发密钥的设立。通过这样的方法，似乎可以让第三方掌控住密钥。目前也有机制能够检查粒子是否依然处于纠缠状态。虽然需要在发送方和接收方之间传递额外信息，但该机制完全可行。如果有人拦截了密钥，这一行为就会打破纠缠——因此，每间隔几个粒子便检查一下纠缠状态是否完好，一旦发现信息拦截已发生，就可以切断链接。

骰子世界 量子计算

讽刺的是，量子纠缠的第二种应用与量子加密相反，因为其应用方法，具有突破我们当前数据安全保护的潜在能力。只要有一台能运行的量子计算机，便可以实现这一点。我们日常使用的计算机中，信息储存为比特（bit）。比特为二进制，通常表示为0或1。计算机的每个动作都涉及寻找、移动或翻转比特。量子计算机将比特替换为量子位（qubit），即量子比特——每个量子位的信息都由量子粒子的状态表示。

我们已经知道一个量子粒子同时能处于两种状态，即叠加态（superposition）。想一下粒子在测量之前的自旋。在特定方向上进行测量时，就会有某一概率发现它在向上自旋，也会有某一概率发现它的向下自旋。在测量之前，我们只能说出那种概率，比如粒子有43.5%的概率向上，56.5%的概率向下。这实际就等效于量子位对应自旋的值。由于量子位向上自旋的概率可以为0%至100%之间的任何值，实际上这就是一种可以容纳实际数字的“比特”。不只是0或1，还有0到1之间的任何值。按照我前文举例时用到的值，它就是0.435（或其补数0.565——两者皆可）。

在计算中使用这些值，就不用每次仅处理单个比特了，于是计算速度便可以比传统计算机快很多。同时，计算精度也会高很多。我们在第55页上讲过，倘若计算机在计算过程中使用六位小数，在输出时将其四舍五入为三位小数，便会产生混沌行为。但在量子计算机中，理论上数字的小数位可以无限多。然而，量子状态非常脆弱。要维持量子位处于特定状态，便要尽可能将其孤立起来，避免它与其他粒子接触后发生退相干。这样做可行但不一定能持久。处理这一问题的方法之一就是像传递烫手山芋一样，在某量子位的值坍缩之前，将其值传递给下一个量子位。

即使能维持值的稳定性，在这样的计算机上输入、输出、移动信息都是极为精细的工作。任何试图核查量子位值的操作都可能造成其值发生改变。而此正是量子纠缠介入的情形。如此看来，若不应用量子纠缠来传递信息，量子计算机便不可能构建起来。量子纠缠为我们提供了方法手段，让我们在使用量子位属性时，不需要实际核查到量子位的值，也就因此不会造成坍缩。

世界上有许多团队都在围绕不同设计的量子计算机展开工作。进度缓慢，但已经出现了一些模型机，能运用少量量子位进行基础运算。然而，如果能制造出一定规模的量子计算机，它必将大有作为。我们能如此确定，是因为至少有两种强大算法（事实上就是数学计算）只能在量子计算机上运行，而这两种算法的基础结构已经建立。

其中一个算法实现了计算某非常大的整数为哪两个质数[①]之积。如果乘积大到一定程度时，要计算出它是哪两个质数之积就会变得很困

① 作者注：质数，学校一定教过吧，指只能被自己或1整除的数字，例如2、3、5、7、11、13、17、…，1被专断地排除在质数之外。

难，即使对当前最快的计算机而言也是如此。听起来，这或许只是数学家的兴趣所在（他们也的确很感兴趣）——但因为RSA算法[①]的关系，这件事具有重大意义。

RSA是用于确保互联网上加密传输信用卡之类物品的细节信息时的安全机制。RSA正是利用了上述的公钥/私钥（public key/private key）方法。RSA机制的基础在于分配两个非常大的质数，将两质数之积作为公钥，而将两个质数分别保密为发送方和接收方的私钥。理论上RSA可以破解，但若是质数足够大，即使是最快的超级计算机也需要数年的时间来运算出结果。作为对比，量子计算机就能够在数秒之内算出结果。若我们真的能够研发出功能齐全并可以量产商售的量子计算机，便需要严肃地重新考虑一下互联网的信息安全机制了。

量子计算机还有另一个更加积极的应用方向，则是格罗夫搜索算法（Grover Search Algorithm），此算法被誉为“大海捞针”程序（‘needle in a haystack’ program），若是这一算法进入市场，谷歌和其他搜索引擎供应商必定摩拳擦掌，翘首以盼。在处理大量信息的场景中，这种特殊算法可以解决让人头疼的搜索问题。电话簿是一个典型的应用场景。在老式的纸质电话簿中，通过名字来找到某人会很容易；但若要通过电话号码找人，则会非常痛苦。

现在，计算机有两种办法解决此问题。第一种是索引。这有点类似于通过名字找到某人——建立名字的列表，列表中的每一项都会有一个指针，指向完整信息。我们同样可以建立第二个索引，以电话号码组织的索引，如此便能通过号码来快速地找到人。但只有预先已经建立起这样的索引后，这一办法才可资使用，而这却又是个非常耗时的工作。若是信息多而杂乱（譬如网站、文档等），对每一个字每一个词编录索引，其工作量将会非常庞大。在电话簿这一例子中，电脑会遍历每一条记

① 译者注：RSA是1977年由罗纳德·李维斯特（Ron Rivest）、阿迪·萨莫尔（Adi Shamir）和伦纳德·阿德曼（Leonard Adleman）一起提出的算法。RSA由他们三人姓氏首字母拼在一起而构成。

录，直到找到正确的条目。

在实际中，对于电话簿中相对较少的数据量（以计算机的标准而言），计算机能非常快地完成该项工作，但如果是全球互联网规模的数据量，则是两码事了。我们还是深入浅出，以电话簿为例，假设其中有上百万个名字和号码。如果没有索引，直接使用暴力搜索的方式，计算机可能需要核查多达999 999个值才能找到正确的那个。平均而言也需要检索5 000 000次才能命中所需的号码。但有了格罗夫搜索算法，量子计算机只需1 000次搜索便能找到正确的条目——这是总条目数的平方根。当我们面对的是网络上的数十亿组数据量时，格罗夫算法的能力就真的变得非常具有吸引力了。

骰子世界 传送我吧①

量子纠缠的最后一个应用场景，值得在此一提，这便是量子隐形传态（quantum teleportation），它带来了《星际迷航》中那台时空传送器的缩小版本。试想一下，这台传送器涉及了什么。在《星际迷航》中，传送器扫描物品或人以后，便能将其传送至另一地点。当时还不存在CGI（电脑动画），而展示飞船降落于行星表面需要昂贵的模型费用，为了避免这一情况发生，他们便在电视剧中使用了传送器。然而，这一传送器却与量子纠缠可能实现的前景有惊人的相似之处。

要使传送能够实现，传送器首先需要扫描人体的每一个粒子，随后再将这些粒子在另一地点复刻出来。但其中有两层问题。一层是工程学问题。人体中的原子数目巨大，约为$7×10^{27}$个（10^{27}即1后有27个0）。假设传送器每秒可以处理1万亿个原子（已是非常迅速的了），也需要$7×10^{15}$秒才能够扫描完整个人体。换种说法吧，整个过程约需$2×10^{8}$

---

① 译者注：原文为Beam me up，是《星际迷航》中的经典台词。

年——两亿年，扫描完1个人。即使是斯波克先生也该失去耐心了。

不过，现在先假设我们能克服这一困难——或者我们只想传送一些非常小的东西，比如病毒——但依然存在一个更为基本的障碍。想要完美复制某样东西，就必须了解每个粒子所处的确切状态。但在扫描量子粒子时，即使对其进行测量，如此便会改变它的状态。想要简简单单地测出粒子的属性并复制一份，就根本不可能了。但量子隐形传态却能让我们规避这一问题。

在对量子纠缠的利用中，有一种更为复杂的方法，让我们可以将一个粒子的量子状态应用到另一位置的另一粒子之上。就量子属性而言，第二个粒子完全变成了第一个粒子曾经的状态。但我们绝不会对该状态的值进行检测。量子纠缠传递了这些状态值，我们一直未进行任何测量。如此，量子纠缠使不可能成为了可能。这已经在实验中得到了多次证明，容易的有实验室中简单的测量，困难的则是一场演示：基于量子纠缠，横跨维也纳（Vienna）进行了加密数据的传递。

然而，即便我们能够克服扫描规模的问题，也难以想象人们会放弃汽车、飞机等交通工具，转而使用量子隐形传态出行。考虑一下在隐形传态里发生的事情。扫描仪会将人体中每个粒子的量子态精确地转移到接收站的其他粒子上。其结果便是产生了你躯体的另一份复制本，一份绝对完美的复制本。从外观上，根本无法区分，甚至身体中每个原子的化学状态和电子状态都一模一样。这具身体里也是你的记忆，思维也和你一样。但在剥夺量子属性的过程中，你身体里的每个原子都将被扰乱。你将在此过程中被完全摧毁。站在世界的角度来观察，你将依然存在于某个远方——但原本的“你”却已灰飞烟灭。

倘若你想要毫无顾忌地出行，这的确不是一种理想的形式，但量子隐形传态的确以不同的方式为信息交流提供了无限可能，也为量子计算机处理信息提供了有价值的帮助。

所有这些应用情景都真实有效，且已经进行了广泛的试验。爱因斯坦顾虑这骰子世界其实并不存在，而这些应用则打消了这一顾虑。爱因斯坦曾确信，在量子随机性与概率之下隐藏着现实的真相，倘若这些真相存在，那么量子纠缠便不可能有如今的非凡成就。

爱因斯坦与他的同事写出EPR论文，预言量子理论暗藏着量子纠缠的可能性，他们此时的本意是想通过这一猜测判处量子物理学的死刑。根据爱因斯坦的说法，量子纠缠里“幽灵”般的联结将被抛弃，同时随之同去的则是现实（特指可靠的现实、日常的现实）只基于概率存在的观点。但爱因斯坦、波多尔斯基、罗森三人却失败得轰轰烈烈。爱因斯坦或许从未喜欢过，也从未接受过随机性，但随机性却真正地一直都存在于某处，藏在日常的生活之下。

20世纪，相对论与量子理论诞生了现代物理学，若是把它与20世纪以前的物理学相比较，两者之间的天壤之别就如同宇宙飞船与蒸汽机一般。然而，蒸汽机工作原理背后的基础理论本身就证明了物质世界缺乏确定性。若说爱因斯坦担忧的是量子的行为，那么他的前人们所面对的挑战则是蒸汽机排气嘶嘶声的问题——热力学定律。

13 追随热力

量子理论已然颠覆我们对光与物质的认知，同时自维多利亚时代起便存在的另一项物理理论，尽管看似古板，却一直令观察者们困顿不已——而这种困顿，依然源自那根植于现实核心之处的概率学与统计学。我们现在谈论的罪魁祸首是热力学（thermodynamics）。起初，热力学只是人们对蒸汽机工作原理的基础认识，但这条看似简单的定律——只要让一冷一热两样物体相接触，热的就会冷却，冷的则会升温——结果却证明，这是统计学上的系列难题。

在我们深入探究那悸动的容器之前，我们先得了解一下什么是热力学，同时还需要摆脱维多利亚时代遗留下来的语言问题。因为其他人提到的都是“热力学定律”（laws of thermodynamics），因此在这里，我也沿用此词，只不过“定律”一词让我感到惶恐。因为“自然定律”是一个极为不科学，也业已过时的概念。

科学是一种方法，让我们了解周围的宇宙如何运作，总体而言，科学的表现出类拔萃。但科学，以及谈论科学之人，都容易高估科学本身的重要性。通常情况下，科学的运转流程应为——提出某个理论，根据可用数据检验理论，若结果与现实不符则修改理论或在必要时放弃该理论。

对于世间万象，科学理论为我们提供了迄今最好的猜测。但它们也只是下一轮数据出现之前的最好猜测。譬如以当时可获得的基础数据而言，牛顿“定律”尚无疑议，虽然它不能解决一些特殊情况——例如，物体运动速度特别快，或物体处于强大的引力场中之时。因此狭义相对论与广义相对论便修正了牛顿定律——这是爱因斯坦对牛顿定律的完善。至那时为止，则是相对论为我们提供了最好的猜测。但相对论在未来或许同样也需要修正，甚至是被完全摒弃，才能应对新的数据。

于我而言，“定律”一词带有太多维多利亚时代的确定性意味。科学永远不可能斩钉截铁地告诉我们事情的真相到底为何；它只能根据已有数据为我们提供当下最好的理论。这已经胜过了其他任何事物的所作所为。不能因为科学为我们提供了最佳猜测，便把它当作信口妄言的许可证。因为科学也同样有局限性，甚至科学家们都常常忘记这一点。例如，你会听到一位宇宙学家如谈论事实般言之凿凿地谈论宇宙大爆炸。但宇宙大爆炸并不是事实，它只是我们人类的最佳理论，也是我们目前所能获知的全部。

所以事实上，“热力学定律”应该叫做“热力学理论”。但我们已习惯于使用这一术语，并且很可能会一直沿用下去。热力学定律总共有四条。我们在此将重点讨论第二条——但也有必要提及全部定律，以便大家形成整体印象。

制定定律

我们从“第零定律”（The zeroth law）开始吧，这一定律被如此命名，仅是因为它是在第一、第二定律确立后才补充进来的定律，有些类似于我写书时的第零章。第零定律指出：就热量而言，如果热量可以从一个物体流入另一物体，则两个物体将会达到热平衡，但事实并非如此。如果两个相互接触的物体都处于同一温度，那么两个物体不会相互影响彼此的温度。但实际上，两个物体之间会不断有能量相互流动，而第零定律真正想表达的意思是净流动为零。换言之，若B与A处于热平衡状态，B与C也处于热平衡状态，则A与C也必然处于热平衡状态。

热力学第一定律源于能量守恒定律（The conservation of energy）。其表述为：系统内能的改变等于物体吸收或释放的热量和对物体所做的功（或对外界所做的功）的总和。这里囊括了所有形式的能量，因此在本质上，第一定律就是在告诉我们，一个封闭系统中的能量保持不变。[①]能量不能被制造，也不会消失。在现实世界中，发电站、发电机等并不能制造能量，而是帮我们捕获已经存在的能量。

热力学第二定律依然描述了热量在不同物体间的传递。其表述为：在不加人为干涉的情况下，系统中的热量由温度较高的部分传递至温度较低的部分。听上去很简单，也符合常理，但这条定律却有着深远的重要性，甚至暗示了宇宙的未来。我们思考后就会发现，第二定律还有另一种表述：孤立热力学系统的熵不减少，总是增大或者不变。

热力学第三定律对于我们的日常生活几乎没有影响。其表述为：在有限的步骤内，物体不可能达到绝对零度（0K、-273.15°C，或-459.67°F）。绝对零度可以被无限逼近，但无论物体处于什么温度，永远也不可能真正到达绝对零度。逼向绝对零度的过程就像是在计算算式 1/2 + 1/4 + 1/8 + …。现实中，该算式的和永远无法达到1。

上述几段摘要性内容中，“系统”一词反复出现，毫无疑问，它是理解热力学时需要的基础概念。系统，即我们为研究热力学而从宇宙中分割出的一小部分。早期研究热力学的学者们想要让他们的技术效率更高，因此典型的系统即蒸汽机——但毋庸置疑，系统当然也可以是任何东西。可以是一杯茶，可以是你自己，可以是你的房子，可以是地球，甚至是整个宇宙。现实世界的系统（与理论物理学家想象的系统相对）大部分为开放系统——该系统可以与系统之外的宇宙发生相互作用。封闭系统则是与宇宙的其他部分隔绝——没有物质或能量流进或流出该系统。宇宙本身即可看作一个封闭系统，不过它可能也只是更大的多元宇宙（multiverse）的一部分，并且有能量流进或流出我们的宇宙。

热力学定律的起源决定了它们谈论的都是温度、热量、能量等方

① 作者注：想到了爱因斯坦，我们明确一下，其含义应是一个系统内的总质量和总能量之和保持不变。

面——这没有什么问题，但这仅仅只是完整理论的一半，并且尚未触及骰子世界发挥作用之处。在这些观点最早建立起来之时，尚无人了解物质由什么构成。原子也仅仅只是理论上的结构而已。我们已经知道，直到1905年爱因斯坦研究布朗运动，原子才被严肃对待，即使此后多年，许多科学家也依然认为原子只是有用的概念，并不具有现实基础。

尽管现在我们知道事实并非如此。所有的物质都由大量原子构成。（实际上，原子通常会构成分子，但为了简单起见，我们只讨论原子，因为无论用到的术语是原子或是分子，在热力学的讨论中都没有什么不同。）第零定律中所建立的温度概念并非某种主观感受属性，而是对物质中原子动能的度量，即原子振动速度的度量。我们不可能如实了解单个原子有多少能量，但幸而这一问题被证明可以用统计学解决。我们无需考虑单个原子本身有多少能量，只需听从统计学的诱惑低吟，根据已知分布中不同原子的变化情况，从整体上进行考量。虽然早期的从业者并未意识到这一点，但热力学在本质上的确就是一个统计学概念，它永远也无法绕开统计学。

量子力学告诉我们，原子只能处于若干确定的能态（energy state），通过量子跃迁在能态间转换。采用基于统计学的热力学观点，我们来观察大量原子集合，此时就可以发现不同能态的分布形式。在一个非常冰冷、接近绝对零度的物体中，存在相对较少的不同能态，多数接近“基态”（ground state）——原子可存在的最低能态。在温度高一些的物体中，分布会向高能态方向扩展，但基态的分布也同样多。这并非正态分布形式，而是指数分布（exponential distribution）形式。从统计学角度看，温度是这些能态分布方式的度量。

可达到的最低温度是绝对零度，其代表的情况就是所有原子都处于基态。在任何常态的系统中，任一特定原子（或分子）均可能在任何时刻转变能态，但与温度相对应的分布，则是该系统作为整体时最有可能呈现的分布。

若我们从原子动能（即速度）分布的角度来看第零定律，它就更合理了。若两个相互接触的物体能量分布相同，那么两者之间便没有理由相互影响。有时，一个物体中高速运动的原子会猛烈撞击另一物体中低速运动的原子，并产生少量能量转移。但从整体分布的平均水平来看，有等量的能量在双向流动。这便是平衡。

除此之外，从类似的原子角度看第一定律也很有意义。如果我们通过向一个系统施加力量来做功，或加热此系统，这两种情况我们都在进行能量转换，但转换方式却大有不同。对原子做功，我们实际上是在以相同的方向推动原子。这一过程需要能量：做功通常指以阻力相反的方向移动物体。如果将一群原子加热，那么就是在加速原子运动，但此运动的方向却是各种混沌随机路径的集合。做功，在单一方向上作用于原子的集合体；而加热，则是作用于每个独立的原子个体，作用于其当时正在运动的方向之上。

世骰界子 有关变化之律

现在，我们来到重点部分了——热力学第二定律。该定律告诉我们宇宙如何运转，可能会如何终结。因为第二定律阐述了事物如何变化，同时有效地阐述了事物为何发生此种变化。从宇宙的进化到人类生活的方方面面，一切都从根本上体现了事物随时间的变化，而第二定律则一直在此默默地运筹帷幄，把握着变化的航线。

在尝试理解第二定律即“熵”（entropy）时，人们总是会栽跟头。熵是封闭系统的属性之一，根据第二定律，熵要么保持不变，要么会增加。通常，熵被描述为系统内部的混乱程度。熵越大，则系统越混乱。在没有外界因素干预的情况下（即封闭系统的另一表述方式），熵通常只会增大，最理想的情况也只是保持不变。如果熵只是关于混乱程度的模糊概念，那么它就仅仅只是定性描述，于物理学而言没有特别的用处——但我们会看到，在统计学的帮助下，熵可以被量化。

我们以这一页上的文字为例，来对熵形成一个简单的印象。本页文字排列有序，表达出了特定的含义，所以这些文字处于低熵状态。倘若这些文字没有附着于纸上，摇一摇便乱作一团，那么这些文字便进入了无序状态，其熵值也就增大了。

比较有序或混乱程度的一个办法，就是比较文字在两种状态下分别有多少种排列方式。要准确表述出这一页上的内容，这些文字就只有一种位置组合方式。（事实上，许多文字在移动之后依然可以表达出相同的信息，但这样的方式反映的是你有多聪明，以及你的大脑依据其所见找出规律的能力。如果我把这句话尾巴上的句号移到括号外，让一台白痴计算机来判断这移动前后是否为相同信息，它会说“不是”。）但要把这一页上的文字打乱排列，却有许多种方式，不胜枚举。因此，乱作一团的文字的熵值显然更高。

第二定律中，“封闭系统”这四个字至关重要。第二定律并没有说熵在某系统中会永远增大。假设把地球看作一个系统。将各种复杂组织形式纳入考虑，不仅是人类的科技，还有构成当前存活的动物、植物等一切，地球这个系统的熵值明显比过去原子、分子随机散布的时候要低得多。随着时间的推移，地球上出现了越来越多的结构与规律，故熵值在减小。

我曾见过某些书中尝试以这样的视角去驳斥进化论的观点。他们以熵值减小为依据，认为一定是有造物主“打破”了第二定律。但第二定律只适用于封闭系统。视地球为一个系统，这并没有什么问题，但它绝不是一个封闭系统。每时每刻，大量的能量都正从太阳灌入地球。向一个系统中输入能量，熵值当然会减小。以冰箱为例。从温度角度表述的第二定律还有印象吧，即热量不会从低温物体流向高温物体。然而冰箱里却发生着这样的事件。热量从冰箱内部转移到了外部（温度更高）。冰箱能做到这一点，同样是因为冰箱不是封闭系统。冰箱插上了插座。能量进入了冰箱，冰箱利用这些能量，使得热量能够向“错误”的方向转移。

即使以最晦涩的方式构建秩序，也会符合热力学第二定律。以“自体模式化”（self-patterning）系统为例。自体模式化系统中有一个简单例子，就是在托盘上涂一层厚厚的蜡。以某个角度放置托盘，从上沿倒入热水。一开始，热水会以极为无序的方式流过蜡层表面。然而很快，蜡层上便会融出凹槽。一旦形成了几条凹槽作为通道，大量热水便会顺沿凹槽流下，而不会继续在蜡层表面乱窜。

随着越来越多的热水顺着特定路线流下，这些凹槽也会逐渐扩大，承载更多的热水。一旦这样的模式成型，便会随着对其的使用而巩固加强这一模式。最终成型的模式，其熵值便低于热水在蜡层表面随意奔窜情况下的熵值。显然，我们并没有在此过程中做功，但“水蜡系统”的熵值已经降低了。事实上，这一情况的发生同样消耗了能量。与蜡层接触时，水流速度会下降，消耗掉一些动能；同时，水的温度下降，失去热能。由这一例子以及许多其他例子均可证明，看待热力学第二定律的一个方式便是——天下没有免费的午餐。

将热水倒在托盘覆盖的蜡层上流下，似乎是一种相当费解的行为。我们平常不会做这件事情。（反正我是不会。）但它却是自然界中自体模式化系统的一个粗浅模型，而这一系统于我们而言非常重要：大脑。就我们迄今所知，大脑采用了一类自体模式化系统来储存信息。大脑中某些特定连接使用得越多，这些连接就会越粗，这些连接也会变得越容易使用。其好处在于，我们更容易对熟知的挑战作出迅速反应——但这却意味着我们会在巨大压力之下失去创造力。而大脑也会与涂蜡的托盘一样，天下没有“免费的午餐”。使用大脑需要消耗大量能量——人体在静息时身体能量总开销约为100瓦特，大脑的消耗占其中20%。

热量不会从低温物体传向高温物体，按照第二定律所说，来看待原子和分子层面的事件，这似乎符合常识。要知道，热量会使物体原子振动的随机动能增大。两个物体接触时，一个物体中抖动的原子会撞上另一个物体中抖动的原子，于是高温物体——其中原子运动速度更快——便会将自己更强的振动传递到低温物体的原子之上。低温物体同样也会有能量传入高温物体（因为低温物体的原子同样也在运动），只不过传递的速率更低，因此就净效应而言，热量依然会从高温传向低温。

世界骰子 量化无序

我们已经说过，熵是无序程度的度量，也说过物理学使用该概念时，它是一个定量指标。它并非只是靠主观的敏锐度来判断“这个似乎比那个混乱”，而是能够用数字表述。同样，这次我们也需要从原子和分子层面来看，同时引入一个快捷方程——表面复杂，实际简单。方程如下：

$$S=\mathrm{k}\ln W$$

S表示熵（在此方程出现的时候，E已被用于表示能量）；k是一个常数，名为玻尔兹曼常数（Boltzmann's constant）；W则表示，为达成某个特定结果，一个系统能被排列组合的方式的数量（我们稍后再考虑“ln”）。回忆一下前面提到过的例子，有关本书中某一页上的文字。假设书页上有一条一条凹槽能够放入文字（如同老式的活字印刷机那样），于是你将很容易便能发现，要得到某一特定页这一结果，只有一种组织文字的方式，但若在每个凹槽中尝试将每个字符都放入一次，便能（非常缓慢地）计算出随机分布所有文字的W值，并且该值将会非常之大。

熵通常不会与某页文字相关，而是与物体相关，尤其是与组成物体的原子和分子相关。同样，理论上我们可以假设不同的物体（比如一块水晶和一团气体）有不同的熵值——水晶中所有的原子都对号入座，而气体的原子则东奔西闯。我们没办法计算出精确值——并且还需要借助统计学才能有所斩获——但我们完全可以通过上述例子看看熵如何以这一方式应用于理论之中。

我们快速解释一下方程中的“ln”。五十年前，我或许不需要解释，因为大部分人都会通过学校学习而熟悉对数（logarithm），但对数并不是日常计算中必需的方法，因此对世上大部分人而言，对数便渐行渐远，消失在了未知之处。对数诞生于乘法和除法的简化运算方法。它来自数学的一个奇妙现象。

科学计数法通常将1 000 000缩写为10^6，表示1后有6个0。它是6个10相乘之积，式子为10×10×10×10×10×10。若是100万再乘以1 000，便得到了10亿，即1后有9个0。有趣的一点来了。如果将10^6与10^3相乘，便得到了10^9。发现两值相乘后在指数处发生的奇妙事件了吗？两个指数被相加在了一起。一个数的对数就是该数的指数部分。因此100万的对数即为6。计算两数相乘时，只需将它们的对数相加即可。在处理更为复杂的数字时，加法比乘法更加容易——因此，对数的用处很大。

自然界中也存在对数。例如，当熵值随另一值的对数值变化时，就意味着熵发生一点小小的变化，则另一值将发生天翻地覆的变化。我在100万的对数值上加上1，使其从6变为7，那么原始值便从100万变为了1 000万。随对数值增加，原始值越大则该原始值的增量也越大。

还有一个特点需要提及一下。为了将对数解释得简单，我以10作为了底数。因此，如果对数值为1，则原始值为10；对数值为2，则原始值为100；以此类推。但对数并不是必须如此。比如我还可以用3作底数，那么对数值为1，则原始值为3；对数值为2，则原始值为9。自然界中，许多对数会有一个相当复杂的底数，记作e，约等于2.718 28——不友好也不方便，但就像另一个复杂的自然常数π一样，我们必须用它们来对应自然界。熵公式中的ln就是“自然对数”，底数为e。

马克斯·普朗克第一个写下了公式$S=k\ln W$，但这一公式得以存在，在很大程度上要归功于数学家路德维希·玻尔兹曼（Ludwig Boltzmann），故公式就以后者名字命名，同时，玻尔兹曼还创建了统计热力学中的大部分基础数学。事实上，这一公式还镌刻到了玻尔兹曼的墓碑上。用此公式作玻尔兹曼墓志铭相当合适，因为他当年罹患抑郁症，自杀而亡。他很有可能患有双相情感障碍，如果说他的抑郁存在什么诱因，根据传言，那就应该是当时的原子概念缺少支撑性证据，而原子概念则正是玻尔兹曼热力学中统计方法的基础。

世界骰子 熵也玩骰子

在热力学初创者的思维中，参考物是蒸汽机，因此第二定律的性质毋庸置疑。它只是一条事实陈述：只要一个封闭系统产生变化，熵便会增加；只有当外界对该封闭系统做功时，熵才可能下降。然而，在骰子世界中（这才是真实世界的模样），确定性被去除了。

在现实世界中，我们只能预计，统计热力学的绝大多数情况下熵会增加；但情况并不一定如此，因为随机性参与到了其中。我们想象一个非常简单的系统——一个矩形盒子，能够容纳气体[①]。这个盒子的结构允许我们在中间位置插入一块隔板，将其一分为二。插入隔板后，我们向左半部分充入热气体，向右半部分充入冷气体。随后，我们将隔板抽走。[②]

随时间流逝，左右两部分气体会混合在一起。请时刻记住，温度只是表示气体分子平均动能（即速度）的度量。混合气体的温度最终会达到两侧起始温度的中间值。现在发生的事件是，作为一个系统，盒子的熵已经增加了。一开始，盒子内更有秩序——左边是热气，右边是冷气。现在两边的气体分子已经遍布了整个盒子。我们可以用玻尔兹曼方程计算出熵的数值，但简单描述一下也能明显知道，事实的确如此。

---

① 作者注：可以是任何气体——比如空气。但为了简单起见，我们把它考虑为单一物质，比如氧气。

② 作者注：钻字眼的人或许会指出这个盒子实际上是“直角平行六面体”，因为矩形是平面图形，但读者能理解即可——形如砖块的盒子，表面光滑平整。

以基础热力学的观点来看，这就是最终的结局——熵永远都在增大。但由于现实具有统计学特质，如果我们等待的时间足够长，最终总有微小的概率会因为分子的随机运动造成冷、热气体分子自发地再次分开，各处一侧。这一可能性非常、非常小，但它会以某一程度的可预测概率（属于经典随机的范畴）发生。目前，这只是第二定律的一个有趣转折——但当我们开始将第二定律应用于整个宇宙时，这一定律推导出的一个事实将具有重大意义。意义之重大，甚至能让我们质疑人类对时间的理解。

但我们首先需要来看看这个简单的气体盒子实验的一次演变，看看这一演变如何让物理学家们困惑了数十年——这还要归功于听上去就诡谲难测的“麦克斯韦妖”（Maxwell’s demon）。

14 麦克斯韦妖

在认识这位“妖”之前，我们还需要花点时间来聊聊简化模型中的风险。我并非在冒犯T台上走秀的模特[①]，我只是忧心物理学家们看待这个世界的方式。在之前我写的一本书里，我讲过一个老笑话，放在这里正贴切。营养学家、遗传学家、物理学家三位学者正在争论如何培养出最优秀的赛马。“显而易见啊，”营养学家说，“确保马儿吃的膳食是最好的就行了。”遗传学家摇了摇头，说道：“培育才最重要。你得有选择性地培育出恰当的性状。”物理学家一直一言不发。此时他缓缓摇了摇头，说：“听我的，咱们把马儿想象成一个球形。”

各位或许不认为这则笑话听起来多么滑稽可笑，但我敢保证，若是一屋子的科学家听了，定会哄堂大笑。物理学家一直都因为用简化模型来研究现实而受人诟病。正如前面讲过那则在路灯下寻找钥匙的故事，即使他们并不认为自己的钥匙丢在那儿，也依然要寻找，因为那是他们唯一能看得见的地方。同理，世界太过复杂，无法详尽地用数学来描述，因此在物理学中，我们常以简化的模型来研究现实世界。（在学校做物理题时遇到过“……忽略摩擦力”的人请举手？现实世界里，几乎没有什么时候能够忽视摩擦力。）

在一些情况中，如此简化方便地解决问题很危险，因为我们从模型中得出的结论可能与现实毫无意义。举一个很荒唐的例子。我可以制造一辆能自动驾驶的机器人汽车，我能使用的模型便是与昨天相同的路

① 译者注：“模型”和“模特”英语都为model。

况，一模一样的路况。我只是记录了一次行程，让汽车知道何时在红灯前停车，何时避开其他车辆，等等。接着，我让汽车出发，去独自面对今天的路况。“横冲直撞”便一定会上演了。但在许多情况下，我们可以用简单的模型去了解一些基础的东西，前提是我们清楚模型的局限性——这便是我们接下来要讲的内容。

世界骰子 分离混合物

现在该谈谈这位“妖”了。我们依然使用上一章讲到的气体盒子，还有些有趣的事儿[①]对我们的简单模型做一点小小的延伸，产生了一个困惑物理学家们多年的悖论。首先，盒子中的气体分子需要容易混合且处于平衡状态。盒子左右有均一的混合物，由运动的快分子与运动的慢分子组成。

假如有个袖珍小人儿，小到能够看见盒子里的一个个气体分子来来去去。同时，这个袖珍小人的代谢非常快，因此在各个气体分子经过时，他可以响应每一个从他身旁经过的分子。一块隔板将盒子一分为二，板上有一扇活动门，他便负责守门。这扇门很特殊，开关都无需耗费能量。气体分子靠近（关闭的）活动门时，小人儿便要察看一下。这个小人儿就是“妖”。倘若分子从左向右移动，且速度快，小妖便打开活动门，使分子通过；若分子走得慢，小妖便不开门。同理，若分子从右向左移动，且速度慢，则小妖开门；若分子走得快，则小妖不开门。

过一会儿，小妖便会在盒子右侧聚集很多的快分子。一开始，整个

① 作者注：在发现热力学之前，你或许从未意识到一盒气体会这么有趣。在热力学定律之前的世界中，这种说法有其实现的可能。我上学时，科学老师最爱展示的实验，就是用气阀将金属盒子（通常用的是大咖啡罐）装满可燃气体。咖啡罐的顶部和底端都打上了洞。可燃气体在顶部的洞被点燃。燃烧时，空气从罐底流入罐子，直到可燃气体与空气混合到恰当比例时，咖啡罐便会爆炸，将罐顶炸飞。但考虑到健康与安全问题，学校大都不再做这类实验了——所以也请勿在家里尝试。

盒子中都是中等温度的混合气体，而到了最终，盒子左侧为冷气体，右侧为热气体。小妖降低了盒子里的熵，因为现在盒子里的气体分子比之前更有秩序了，这就是上一章中，打开隔板使气体混合的逆过程。但若那小人儿真的可以不费能量地开关活动门，那他真是个妖，因为他打破了热力学第二定律。

我把这个小人儿叫做“妖”，是因为大家都这样叫他——准确来说，他名叫“麦克斯韦妖”①，以伟大的苏格兰物理学家詹姆斯·克拉克·麦克斯韦的名字命名。物理学者将麦克斯韦与牛顿、爱因斯坦等人同列为伟人，起初是由于他对光的研究解释了电磁效应如何产生了光——事实上，正是麦克斯韦的研究启发了爱因斯坦，从而提出了狭义相对论。但麦克斯韦是一位多才多艺的思想家，他还拍摄了第一张彩色照片，并为统计热力学做出了重要贡献。麦克斯韦未曾将小人儿叫做“妖”——这是开尔文勋爵（Lord Kelvin）起的名字——但这只妖，是麦克斯韦创造出来的形象。

在这一模型是否变得危险的临界线处，麦克斯韦妖在此摇摇晃晃。我们无法想象真的存在这么一个能够管控分子移动的造物，甚或物理仪器（但若提供额外的能量，可以制造出这样的仪器）。但在思考熵和第二定律的性质方面，这一模型依然有用。就麦克斯韦妖并未打破第二定律的原因，人们还没有达成完全一致的意见，尽管如此，许多论据都表明他不可能打破第二定律。这些争论都基于一项事实，即麦克斯韦妖必然是系统的一部分。若麦克斯韦妖处于系统之外，则该系统不是封闭系统，也就与第二定律无关了。

最简单的一项论据就是，在现实世界里，麦克斯韦妖无法在不消耗能量的情况下开关活动门。的确如此，但引入系统的能量并不足以抵消

① 作者注：没有证据表明保罗·麦卡特尼（Paul McCartney）的歌曲《麦克斯韦的银色锤子》（*Maxwell's Silver Hammer*）灵感来自麦克斯韦妖，但有趣的是，麦卡特尼说银色锤子是：“我对于突然发生意外的比喻，意外总给我们当头一棒……”——事实上，在披头士的歌曲中，银色锤子指的是混沌随机。

熵减。另外还需要补充一点——麦克斯韦妖并不会使用法术。他虽名为“妖”，但他的业务范畴是物理领域。因此，他并不能仅凭肉眼“感知”分子运动的速度，他得进行测量，这便需要消耗能量——足以补偿气体的熵减。

然而到了20世纪60年代，人们意识到，采用某些测量方式，可以在不增加妖的熵的情形下，抵消气体的熵减。妖有办法规避这一点——至少貌似如此。妖再次有了打破第二定律的能力，但这一能力却被一种奇怪的效应破坏了。他无法用诡计绕过熵增，因为他需要丢弃信息，这一过程同样需要消耗能量，使得熵增。而且，这一发现来源于熵与信息之间的关系，这一关系使得熵与随机性、熵与概率的联系更加紧密。

骰子世界 独特即是无序

我们已经了解熵作为度量、衡量原子或分子无序程度的概念，但我们也可以从信息的角度来理解熵。信息越是可预测，熵值越低。最终我们又会回到麦克斯韦妖和他的记忆，但我们暂先进一步探索。思考一下一种非常基础的信息形式——一个多位小数，在脑海里想出一个多位小数来。如果你想到的是像1/3的数字，它就是一种可以轻松预测的信息，写作小数时为0.333 3……要明确这个数字，我只需要说“零点三，重复三的循环”或“一除以三”即可，熵值很低。但有些数字可不这么友好。

想一想2的平方根，其起始部分为1.414 213 56…，小数部分没有循环。但它很容易计算，并且这是它现实中最简短的计算式——某种程度上它也是可预测的信息，虽然比0长，但依然可以预测。更可怕的是像π这样的数字——3.141 59…尽管看上去与2的平方根相似，但两者区别在于π是超越数。超越数是指，尽管可以写出计算它的公式，但该公式具有无穷项——公式可以永远无限延伸下去。例如，该算式的确可以计算出π值，但式子永远也无法结束。这似乎是单个数字熵的极限，但或许更有甚者。

终极高熵数字——用Ω（欧米伽）表示——由美国数学家格里高利·蔡廷（Gregory Chaitin）提出。Ω完全不存在结构形式。原则上没有计算方法。再现Ω的唯一方式便是一个数一个数地抄写下来——无法用任何方式简写。在熵值上，这便是最极端的数字。

当我们以信息的形式思考熵时，前面提到一页文字的例子也有参考价值。某一页的文字，有多种组合方式都会形成可预测信息。这是因为我们的语言有规则——例如，偏旁为“亻”的字必然为左右结构。我们还有许多办法可以将一页信息缩写为一段话——这都来自可预测性。如果一页文字有其特定的意义，便不存在真正的随机性。但若是一堆杂乱无序的文字，则完全是两码事。与Ω一样，我们无法预测下一个字是什么——复制这一页的唯一方式便是一个字一个字将它抄写下来。这才是真正的随机，因此它的熵值也就高得多。

回头来看麦克斯韦妖。小妖在完成自己设定的任务时，必须储存信息。要判断某个分子是快还是慢，需要理解其所测量速度的意义。它在测量每个分子的过程中，即是在收集信息。若小妖后来清除了信息，则会消耗能量，导致系统的熵增大——这即信息熵（information entropy）的特征。储存信息无需能量，但事实证明，无论小妖的储存空间有多大，最终它都必须删除信息以保持正常运转，此时熵便会增大。

即使到现在，麦克斯韦妖的问题依然没有完全解决。在细节上，论据仍存在许多漏洞。但这样的小妖即使存在，它对第二定律的影响似乎也只是微乎其微。这样或许正好，因为这个奇怪的统计学定律和可预测性似乎也与我们的时间概念息息相关。

世骰界子 时间之谜

关于时间，我们未曾了解的还有太多太多。譬如“时间是什么”便是个很好的例子。哪怕你把史蒂芬·霍金（Stephen Hawking）的《时间简史》（*A Brief History of Time*）从头到尾读一遍，或许仍会毫无头绪[①]。但我们能切实认同的一点是，时间有明确的方向，有时我们称之为“时间箭头”（the arrow of time）。空间没有特定的方向，但地球似乎为我们提供了一个空间的方向——沿地心方向，为我们赋予了“上”与“下”的概念。但移除那份位置的错觉，空间的任何维度再没有特定的方向会与众不同。

然而时间不同。无论时间穿越能否实现——物理学上也并未否认这一可能性——时间都会有明确的指针，指明“此方向为未来”。作为常识，这一点不足为奇。时间由此分为了过去、现在、未来。事实即是如此。然而从大部分物理理论来看，时间向前向后的区分毫无道理。

大部分物理活动都可逆。例如，播放一段影片，片中展示了物体在太空中运动，我们将无法分辨影片是在正向还是逆向播放。然而热力学第二定律却与此相悖。第二定律明确体现了时间的方向。它告诉我们“熵会增大”，事实上这是一种简略说法，全部内容是“熵会随着时间的推移而增大”。某种意义上，可以说是熵标定了时间之箭，指向了未来的方向。时间流向何方？未来又在何方？——皆是封闭系统中熵增的方向。

我们回到影片的例子，能更加明确一些。假如影片中，一只杯子在太空中漂流，我们无法仅凭这一点判断时间如何流逝，因为其中没有熵的变化。无论影片正放或是倒放，我们都无法明确判断时间的流向。但若是杯子破碎成渣，变得像太空中的小行星一样，那么情况将完全不同。杯子破碎时，碎片会扩散开来。这倒没什么稀奇。但若是将影片倒放，那么所有碎片便会重新组成杯子。这样的情形就诡异了。因为熵似乎在随时间减小。杯子自发地从无序走向了有序。这不自然。

我之所以将杯子设想在太空中，而非直接在地球上摔落打碎，是因

① 作者注：尽管史蒂芬·霍金在前言中声称这是物理学的最新突破，回答了“时间的本质是什么”这一问题，但在随后的内容中并未解决此问题。

为在地球上摔下的东西有另一原因无法逆转。地球上，只要物体的密度大于空气，便无法向上漂浮。我们仔细观察摔下的杯子，便会发现，杯子一开始缓慢落下，随后因重力而加速，这便能明确体现时间的方向。由于地球的引力使事情顺着特定时间顺序发生，因而地球上摔落的杯子并不适用于熵与时间方向的实验，而太空中则没有这样的干扰。

世骰界子 齿轮逐渐停止转动

热力学第二定律的另一意蕴，一望而知又凄凉沮丧，却是毛骨悚然的现实："这将是世界告终的方式；没有轰隆巨响，只剩幽幽呜咽。"[①] 现实中，世界一词的尺度可比艾略特（T. S. Eliot）本意中的世界要大得多，艾略特原本或许只想到了盖伊·福克斯（Guy Fawkes）炸毁英国议会大楼的阴谋。若我们将宇宙视为一个整体，我们会预期宇宙的熵随时间增大，直至整个宇宙尽是一片无序状态。

在时间尺度上，这事还要很久远才会发生，所以我们无需为此彻夜难眠。但你若为整个宇宙一片凌乱而感到沮丧，倒是有些办法可以规避。记住第二定律的统计学本质，熵的规律或许并不能永远所向披靡。正因地球迄今为止的寿命之长，才有了万物进化至今的模样；同理，只要宇宙存在的时间够长，或许也会发生一些不可能的事情。

我们想到极低概率事件时，通常都会以宇宙至今的寿命为背景来考虑该事件的概率。例如，量子理论告诉我们，一辆车的每个原子都完全有可能侧向移动五米，将车移出原本所在的车库。但这样的事件发生概率太低了，因此我们通常会说，"要等待比宇宙（当前）寿命更长的时间，这事才会发生"。

其实，我们无法得知宇宙未来会如何发展。我们该如何去知晓？我

---

① 这句诗引自艾略特的诗歌《空心人》（*The Hollow Men*）。诗中引用了英国"阴谋组织"成员盖伊·福克斯意图炸毁英国议会大楼的故事。

们所有的观点都只能基于过去，而将来发生的事件则完全有可能无法基于过去的经验来预测。我们可能彻头彻尾地像一只圣诞节的火鸡[①]，将自己的未来赌在经典随机之上，而现实却更多地偏向混沌随机。

然而，即使宇宙只是不断向着越来越混乱的方向发展，直至最后成为一堆索然无味的随机分子，也依然有一个有趣的可能性值得考虑一下。尽管看上去热分子和冷分子不可能自发分离，进而在盒子里各处一边，但鉴于第二定律的统计学性质，若我们等待的时间足够长，在未来的某个时刻，这似乎也有可能发生。同理，只要等待得够久，在理论上，宇宙中存在的分子都可能逆转为行星、恒星这类更加有序的状态，而非凌乱无序地散落在宇宙中。

但上述场景中存在至少一个问题，即为恒星提供能量的核聚变反应有一个天然不足。在聚变反应中，首先由氢原子聚变为氦原子，随后形成质量更重的元素，直至最后生成铁元素。但铁元素以上，聚变的能量就不足够了——要超新星爆炸的能量（并非每颗恒星都会成为超新星）来制造出更重的元素。聚变出越来越重的元素这一过程部分可逆——例如，重元素会发生放射性衰变，产生较轻的元素——目前宇宙中尚有大量氢原子和氦原子并未处于恒星中，尽管如此，第二定律中也并没有某种方法，能让我们回溯到宇宙的早期，将所有已经发生的核聚变还原回去。然而理论上，鉴于宇宙永远都在逐渐衰变，因此其中有足够的秩序可以自发出现、重现，以使宇宙维持许多存续周期。

我们思考一下地球自形成以来都发生了些什么，或许这样能让我们更好地摆脱宇宙越来越混乱的烦恼。随着时间的推移，地球变得越来越有序，这是地球上的生命在太阳能量的供给下所产生的副作用。我们知道，无序状态的产生不可避免，要想阻止其产生，关键便是外界能源供给。地球并非封闭系统。但我们能假设宇宙也不是封闭系统吗？我们并不肯定，宇宙之外就没有能源可以重建宇宙秩序了。

---

① 译者注：关于火鸡的暗喻，请参考刘慈欣《三体·地球往事》中的火鸡科学家。

当然，一些宇宙学说认为，我们所处的宇宙只是更大宇宙的一小部分，而非全部。泡泡多元宇宙论（bubble multiverse）认为，在更广阔的空间中有无限多个不断膨胀的宇宙泡泡，我们的宇宙只是众多泡泡中的一个；火劫宇宙论（ekpyrotic universe）则认为，我们的宇宙是飘浮在多维空间中的三维“膜”（brane），偶尔会与另一张膜碰撞，产生新的宇宙大爆炸，开启一个全新的宇宙。无论你支持哪一个观点，宇宙之外完全有可能存在外来能源打破第二定律——至少是在我们所处的宇宙之内。

维多利亚时代的人类提出热力学定律时，他们的脑海里装的是日常的、实际的目标。所有目标都是为了更好地理解蒸汽机。但由于第二定律具有统计学性质，以及现代物理学对熵的理解展现了更宽泛的含义，为我们带来了麦克斯韦妖及其概率世界，并不断地影响着我们所有人。

当然，在预测未来这一远古的活动方面，麦克斯韦妖和概率世界给了我们思索的空间。

15 水晶球与赢得山羊

未来或许是个不确定的终点，但人类始终都如饥似渴地想要了解未来。在某种意义上，我们所做的一切统计预测，甚至包括一切有实际应用的科学，都在进行着与预测未来相关的实践。科学，若只是回望过去，只是将已经发生、曾经存在的事情罗列出来，便如物理学家欧内斯特·卢瑟福（Ernest Rutherford）的俏皮话所说的："一切科学，除了物理学，其他都是在集邮。"科学若要超出信息收集的范畴，便要做预测工作。

自人类拥有历史开始，就开始了预测未来，毫无疑问的是，在还没有任何记录的时候，预言家和先知的工作就已经很出色了。这不仅是因为了解未来的信息会让人感到安心，而且它可能真的会发生。预知未来也是获得力量的可靠方式。如果你能精准地预测未来会发生什么，便可以宣称自己能够影响未来——这将真正让你拥有力量，因为谁都不会再冒险去触碰你的逆鳞。

一些人宣称自己能预见未来，无疑是在弄虚作假，只是为了以此获得权力而已——其他人会毫无保留地相信前者拥有预言的天赋，或认为这是上帝的赐予，甚至当作是他们认可的科学手段。目前，现存最久远的预知未来之术便是占星术。凡是对当今科学有一点了解的人都不会认为占星术属于科学，若是有人把天文学家的工作称为"占星术"，那真会让他们勃然大怒，但占星术却实实在在的是科学预测未来的一种尝试。不将其划分到科学领域，只是因为它与我们的最佳猜测完全不沾边——但古时候并没有那么多数据反驳它。

骰子世界 极往知来的星星

广义概念上的占星术，至少可以追溯到3 500年前，多数古文明中都存在占星术。对于古时的文明而言，恒星与行星能够影响地球上发生的事，似乎是再正常不过的事。曾经有过两类占星术。一类是占卜——预知未来的一类尝试。这就是今天星座占卜的前身，它会告诉那些热衷于此的人即将发生的事。由于占星术既受到宗教的质疑，又在科学上荒谬无稽，因此即使是在中世纪，也不受人待见。

第二类占星术更像是在尝试从科学角度出发，通过观察，为自然物理现象提供解释。虽然与古希腊四元素论一样，占星术提供的解释也恰巧是错的，但并不代表它完全违背科学。中世纪时期，人们将这类占星术视为天文学的分支。它并不旨在预知未来，而只是告诉人们，婴儿在出生时会受到行星的影响，正如我们现在认为，母亲在怀孕时诸如吸烟等行为会影响小孩的发育。

我们现在知道了，在行星所处的距离上，以其微薄可怜的引力产生的影响会有多小①。产房里的接生员或是其他任何人对婴儿的影响都要大过行星。然而，至今常见的、仍然活跃的占卜类占星术，却真的在宣称自己能为个人预见某种未来。尽管对于报纸上那类将同一星座的所有人都笼而统之、一概而论的预言，大部分占星师都嗤之以鼻，但他们却真的认为自己手中的详细图表，加上婴儿出生时的星象，是对未来的真实预言。即使有充分有力的证据告诉他们占星术毫无可信的根基，他们也依然深信不疑。

且不说占星术无法解释其机制——出生时的行星位置为何能影响人

---

① 作者注：引力比常见的电磁力弱10^{39}倍。你若不相信引力很弱，可以想想冰箱上的磁铁式冰箱贴。冰箱贴之所以能稳稳地贴在冰箱上，正是因为那颗小小磁铁产生的电磁力，打败了由整个巨大地球产生的引力。磁力胜出。

的未来——人们早就指出占星这一概念存在诸多问题。2 000多年前，古罗马参议员西赛罗（Cicero）评论道："难道所有倒在坎尼会战（Battle of Cannae）[①]中的罗马士兵都属于同一星座吗？毕竟他们有着同样的结局。"在更近的时期，1985年发表在《自然》（*Nature*）杂志上的一份研究报告用统计学戳穿了28位评价极高的专业占星师。研究人员要求占星师为100名志愿者提供详细的出生星象图，并将星象图与每个人的性格档案进行匹配。每个人的星象图都会与三份性格档案进行配比，其中有一份性格档案是正确的。倘若占星师通过随机猜测来进行匹配，那么他们正确的概率约为1/3。占星师们认为自己应该有至少一半的概率将星象图与档案匹配正确。但实际上，结果几乎精确为1/3。

如果我们不考虑占星术，那么自古代德尔斐神谕以后，诺查丹玛斯（Nostradamus）的成果或许就成为了预言未来的最著名尝试。诺查丹玛斯，原名米歇尔·德·诺特达姆（Michel de Nostredame），他于16世纪在巴黎写下四行诗预言集《诸世纪》（*Les Propheties*），顿时名扬全国，但其中的预言却含糊其辞，让人捉摸不透。此后几年，《诸世纪》几乎未曾绝版，并且预言行业如雨后春笋般涌现，将希特勒崛起、肯尼迪刺杀等所有事件都与欧洲预言家的预言联系起来。

这类预言的问题（将算命先生的预测与现实世界相联系时，同样会出现该问题）在于，预言太过模糊，事后不能将之与某些事件联系起来才是真奇怪。只要你有足量的预言文本，又足够努力，便能找到这些预言与几乎所有事件之间的联系。一些人分析了《圣经》（还有些人分析了《小熊维尼》），宣称它预言了各种各样的事件。所谓诺查丹玛斯颠覆骰子世界，完全不难看出只是事后诸葛亮罢了。从未有人成功利用《诸世纪》在事情发生之前预言出大事件——预言与事件的联系都只是马后炮而已。

---

① 作者注：坎尼会战发生于公元前216年，当时汉尼拔（Hannibal）的迦太基（Carthaginian）军队杀死了约6万名罗马士兵。

世骰界子 预见未来

100多年来，人们一直试图对“预知”（precognition）进行科学研究。“预知”是一种通过纯粹的心理活动来预测未来的能力，可以说是所谓的“超感官知觉”①中最不容易解释的一种。此领域中，最好的研究或许来自心理学家达里尔·贝姆（Darryl Bem），他于2011年发表了一篇论文，称他探测到了正在发生的预知。然而，贝姆此举与诺查丹玛斯的预言截然不同。贝姆进行了一系列实验，实验参与者必须预测将会发生的事情。试验中，贝姆检测到结果与预期之间存在细微的统计学差异。

例如，在其中一项实验中，大学生们像小白鼠一样坐在电脑屏幕前，屏幕的空白背景上有两幅窗帘。一幅窗帘后是一堵空白的墙，另一幅窗帘后是一幅画。他们必须猜测哪幅窗帘后有画，以此来预知未来。为了确保这是预知在起作用，在学生做出选择前，图画的位置并不确定②。

若大学生们猜对的概率明显高于50%，就可以将他们当作在预知未来。有趣的是，若是随机抽选图片，预测正误的比例恰好为50∶50；但若使用性感的图片，他们的准确率便高于了纯概率。但也只高一些而已，准确率为53.1%。根据实验进行的次数，贝姆估计因巧合而发生这样的事件概率为1/100。这并不是一个统计学显著差异的结果，但很有趣。贝姆还真的做了其他实验，这些实验结果统计起来，在数学层面真的具有显著差异，不过依然只是比巧合多了那么一点点而已。这让人很

① 译者注：超感官知觉，psi ability / extrasensory perception，俗称“第六感”。

② 作者注：所有这类实验都无法百分百确定其所测试的究竟是什么。若实验结果为阳性，那么该实验也可以如预言未来那样，轻易地测试出学生具有影响结局、改变图片在屏幕上显示位置的能力。

难不去认为，这些结果只是由统计或操作误差而引起，并不是发现了什么预见未来的能力。

在预言未来的场景中，预知或许并没有起到多大作用，但天气预报显然能真真正正地让我们对未来略知一二。我们已经知道，在数日这样的时间段内，现代天气预报已经相当准确，五日天气预报开始变得准确度一般，十日以后则毫无用处。通过运行复杂的天气系统模型，为覆盖相关大气区域的一系列三维单元绘制出逐时变化图表，通过将这些汇聚在一起，天气预报才能得到结果。这些模型相当复杂，又托天气系统混沌本质的福，在将不同预报方法整合起来之前，即使用世界上最好的超级计算机来处理数据，也做得一塌糊涂。

世界骰子　模拟的世界

整本书我们都在讨论，其他类型的预测都需要正确找到促使事件发生的那类随机性。我们试图进行预测的实际系统，通常极其复杂，以至于我们完全无法做出任何可信预测。有时，我们可以使用基于分布的基本方法来预测未来。例如，我在书中曾描述过，连续五次掷出硬币正面的概率为1/2 × 1/2 × 1/2 × 1/2 × 1/2，即1/32。然而，即使我们尝试预测的那部分现实基于经典随机，一旦该系统变得再复杂一点点，便难以预测了。这便是为什么模拟（simulation）能成为最好的研究工具。

模拟涉及为现实构建简化模型，通常在电脑上操作。在模型中，任一会发生随机事件的位置，我们都放置一个随机数生成器，接着像玩《模拟人生》游戏一样，在电脑上运行整个程序，只不过针对同一情景，需要重复多次才能得到事态发展的普遍情况。

我之前在航空公司就职时，曾构建过一个排队值机的简易模拟器。我在电脑上建起一系列虚拟的值机柜台，设定每个柜台人员接待客户的时间为随机值，这一随机值采自现实情况，符合现实生活中一般登机时间的分布。接着，我使用另一随机数生成器，将乘客数量输入系统。同理，乘客数量也随机采自现实数据，符合乘客普遍到达时间的相似分布——这一数量会随当日时间而变化。

有趣的地方在于到达机场与排队之间这一过程。你可以让每个乘客选择特定的登机柜台排队，如同超市里排队结账那样；抑或只安排一条队伍，每次有柜台空闲时，就将队伍最前面的人分配到此柜台办理值机——如同银行那样。我还有其他的随机数字生成器用来控制乘客在发现其他队列比自己的队列前进更快时是否会换队。

若是我只使用基于单一分布的单一概率，便想要计算出机场值机这类场景中乘客的平均等待时间，那我什么都不能算出来；但通过运行这样的模拟器（并且多次运行），我便可以更好地了解现实发生的情况。

这一方法最早也是在“二战”之后才开始使用，当时，新墨西哥州洛斯阿拉莫斯实验室（Los Alamos Laboratory）的科学家们试图了解中子穿过各种材料的方式，以及屏蔽这种核辐射的必要方式。他们发现直接的统计数据并不能帮助他们解决问题，于是他们开始思考，是否要进行重复模拟并累计模拟结果。由于这是一项绝密任务，必须得有一个代号，因此这项任务便以赌场的名字命名为“蒙特卡洛”（Monte Carlo）。这一命名由此沿用，因此他们的方法便被称为“蒙特卡洛法”（Monte Carlo method）或“蒙特卡洛模拟”（Monte Carlo simulation）。

早期，这一模拟尚需人工操作，辅以机械计算器，因此进度非常慢；但随着计算机的发展，在分析过于复杂而无法用单一概率分布解决，却又依然遵循经典随机的情况时，蒙特卡洛模拟便成为得力工具。蒙特卡洛模拟用于科学和商业的方方面面，甚至还能用于解决一些数学问题，不过大多数数学家并不愿意使用蒙特卡洛模拟，因为他们不喜欢通过计算机反复运行的方式获得信息，而更喜欢抽象的数学证明。

世骰界子 汽车与山羊

无论使用怎样的工具预测未来，我们都需要意识到概率的盲目性给我们设置的一些陷阱。其中最著名的一个陷阱会让人联想到贝姆预知实验中的窗帘。这就是三门问题（Monty Hall problem，又称“蒙提霍尔问题”），尽管其已有广泛探讨，但依然值得在此重提，因为我们对概率的自然反应，以及我们基于概率所做的预测之间存在一条鸿沟，而这一问题证明了该鸿沟的存在。

这一问题的名字要追溯到20世纪60年代美国的一档电视游戏节目，该节目由加拿大主持人蒙提·霍尔（Monty Hall）主持。在节目的最后环节，参赛者需要选择打开三扇门之一。其中两扇门背后的奖品不那么丰厚（通常是游戏中的各类山羊），剩下那扇门背后则是一辆汽车。参赛者选择一扇门打开，门背后是什么，他们就获得什么。目前为止，尚为简单。三扇门，一个大奖选项（除非你喜欢山羊），中奖的概率为三分之一。

接下来便到烧脑部分了。一旦参赛者选择了一扇门（但不打开），蒙提·霍尔便会打开另外两扇门中的一扇，让参赛者看到门后是“山羊”。于是便剩下两扇门未打开，其中一扇门背后也是山羊，而另一扇门背后则是汽车。接着，参赛者便会被要求做出最终选择，在剩余两扇门中选择一扇打开。问题便在此了，需要预测该如何做，才是最佳策略。是依旧坚持最初的选择呢？还是换另一扇没有打开的门呢？抑或都是50：50的概率，因此任选一扇门都一样呢？

1990年，作家玛丽莲·沃斯·莎凡特（Marylin vos Savant）在杂志《展示》（*Parade*）的答复专栏中提起这一问题，说最好的策略是换另一扇门。结果她收到了大量信件，其中一些来自数学教授，他们告诉她，她的答案是错的。几乎所有的回信者都确信，打开任何一扇门，参赛者都有50%的概率赢得大奖。两扇门供选择——一扇门后是汽车，一扇门后是山羊。若不是五五开的概率，还会是什么呢?

一名回信者写道：

> 我就直说了。这个问题和回答，您大错特错！……我解释一下：如果一扇门后没有大奖，那么概率则变为了1/2。作为一名数学专家，我对于大众缺乏数学知识感到非常担忧。烦请您承认自己的错误，以后也请谨言慎行。

甚至还有一封回信来自美国陆军研究所（US Army Research Institute）。信中写道：“你错了，但要看到它积极的一面，如若是那些（回信反对你的）博士们错了，这个国家怕是大厦将倾了。”

或许这个国家真是大厦将倾。因为尽管美国国防信息中心（The Center for Defense Information）的副主任和美国国立卫生研究院（The National Institutes of Health）的一位数理统计学家也给出了反对意见，但其实沃斯·莎凡特是对的。如果参赛者执着于自己所选的那扇门，则赢奖概率为1/3。而如果另换一扇门，则赢奖概率为2/3。

这才是正确答案——明白这一点很重要。我们很容易就能在电脑上编写程序来模拟这一情况，并且许多人在初次面对这一问题时也的确这样做过。难点却在于，如何理解概率不是五五开。我找到了一个最佳的思路。一开始，参赛者有1/3的概率赢，2/3的概率输——这一点大家都没有异议，因为三扇门里，两扇门背后是山羊，一扇门背后是汽车。

假设三扇门分别为红色、蓝色、绿色，而参赛者选择了红门。于是我们知道，汽车有2/3的概率在蓝门或绿门背后。蒙提·霍尔现在打开其中一扇。他知道汽车在哪儿，因此永远只会打开有山羊的门。假设他打开的是绿门。那么我们就知道，原本汽车有2/3的概率在蓝门或绿门背后，而现在又知道它一定不在绿门背后。因此参赛者的最佳选择应是换为蓝门，此时他便有2/3的概率赢得汽车。而汽车在红门背后的概率只有1/3。

世界骰子 星期二出生

还有另一基于概率的预测题目，成为《展示》杂志沃斯·莎凡特专栏里争议问题的亚军。这一次，她的读者们再度认为她错了。这一问题实在违反直觉，哪怕认为三门问题简单直白的人，也为此绞尽脑汁。题目描述简洁，轻描淡写。题目要求我们预测："我有两个孩子。其中一个是男孩，星期二出生。那么两个孩子都是男孩的概率为多少？"

题目似乎简洁易懂。题中的"星期二"是个障眼法，所以我们直接看："我有两个孩子，其中一个是男孩。那么两个孩子都是男孩的概率为多少？"其中一个孩子是男孩，而另一个孩子是男是女，概率都应是50%。由此，两个孩子都是男孩的概率便也应是50%，即1/2。但很遗憾，这是错误答案。

我们困惑的原因在于，我们在想象这一场景时，已经将"第一个"孩子设定为男孩，然后我们再考虑第二个孩子为男孩的可能性。然而，如果第一个孩子是女孩，第二个孩子是男孩，这一场景的描述也可成立。唯一完全确切的办法，便是将每种可能的组合皆罗列一遍。这事儿很麻烦，但能得出结果：

	第一个孩子	第二个孩子
1.	男孩	女孩
2.	男孩	男孩
3.	女孩	男孩
4.	女孩	女孩

以上便是四种可能的组合，每个组合的概率都相等。其中有三种组

合符合最开始的描述“我有两个孩子，其中一个是男孩”。除了第四种组合外，其他均符合条件。但前三项中，只有第二项符合两个孩子都为男孩。因此，问题“我有两个孩子，其中一个是男孩。那么两个孩子都是男孩的概率为多少?”的答案便是1/3，而非1/2或50%。题目在这一部分让人头疼的程度大概与三门问题旗鼓相当。但更让人头疼的是，我们不可以去掉“星期二”这一部分。加上“男孩星期二出生”这一描述，概率又会发生变化。

此时，我们需要一份更长的表格，如下：

	第一个孩子	第二个孩子
1.	男孩（周一）	女孩（周一）
2.	男孩（周二）	女孩（周一）
3.	男孩（周三）	女孩（周一）
4.	男孩（周四）	女孩（周一）
……		
14.	女孩（周日）	女孩（周一）
15.	男孩（周一）	女孩（周二）
16.	男孩（周二）	女孩（周二）
……		

我们总共能在表格中列出196项。首先，在第一列罗列出每种性别与星期的组合，第二列则均为星期一出生的女孩（共14种组合）。接着，在第一列罗列出每种性别与星期的组合，第二列均为星期二出生的女孩（同样为14种组合）。以此类推，直至我们将所有第二个孩子的可能性全部罗列一遍。

现在我们需要知道两件事情：这些组合有多少符合“男孩星期二出生”的条件（例如上表中的第二项）以及这些组合有多少为两个男孩?由此，第一个孩子为“星期二出生的男孩”，第二个孩子任意的情况共

14种；第二个孩子为“星期二出生的男孩”，第一个孩子任意的情况共13种（我们在上一步已经纳入了两个孩子均为星期二出生的男孩的情况）。因此总共有27种组合符合题目中“男孩星期二出生”的条件。

现在，我们需要确定这些组合中有多少组为两个男孩。前14种情况第一个孩子均为男孩，且其中7种情况第二个孩子也为男孩。后13种情况中第二个孩子为星期二出生的男孩，其中6种情况第一个孩子也为男孩。因此，在“其中一个孩子为男孩且在星期二出生”的27种情况中，另一个孩子也为男孩的情况共13种。因此，题目“我有两个孩子。其中一个是男孩，星期二出生。那么两个孩子都是男孩的概率为多少?”的答案为，13/27——接近但并非1/2。

这真是颠覆常识。面对随机世界抛给我们的这一切，可不敢再使用以前那样不堪一击的计算方式了。不过是仅指定其中一个孩子哪一天出生，两个孩子均为男孩的概率便从1/3变为了13/27。然而，这与我们的常识不符。我们真的可以选择任意一天吗?有关这一问题在特定现实环境中的意义，我唯一能想到的便是，你不能随机挑选日期这一条件；它是附加于环境之上的额外信息。男孩必然会出生在某一天，这个信息会缩小可选范围，正如蒙提·霍尔打开一扇门展示山羊那般。只不过，这一例子的实际情况更难接受罢了。

尽管三门问题与小孩问题令人困惑，但它们依然符合简单统计学——例如，在三门问题中，我们平均都有2/3的概率在换门之后赢得汽车。但我们在生活中所经历的大多数事情并没有如此清晰可预测的概率。现实世界通常复杂得多，也不太容易被传统统计学分析所描述。幸而，若我们用另一种方法看待统计学，便能在更加模糊的情况中用数字来做出预测。这种方法叫做“贝叶斯统计”（Bayesian statistics），自诞生以来，这一方法在大部分时间中都被统计学界的伟人与优秀人士所诟病，但现在该方法却比过去使用得普遍、接受得也为广泛。

16 贝叶斯神父与金毛犬

一些统计学的老古董们对贝叶斯统计法颇有成见，抱怨它太主观了——但我们将会看到，这一方法的重点正是处理那些需要有主观性的问题。贝叶斯统计法的强大之处在于，无论是处理经典随机、混沌随机或是完全没有随机性的问题，它都能适用。它的缺点在于，某些情况下，它不如传统统计学计算概率那么准确［有时传统统计学被称为“频率学派”（frequentist），因为这种方法依赖于已知发生频率的事件进行预测］。

这奇怪却又悦耳的名字“贝叶斯”取自18世纪上半叶的数学家兼教堂牧师托马斯·贝叶斯（Thomas Bayes），他是这一方法的创始人。贝叶斯从未实际发表过此方法的实用版本，但他的确用非常具体的案例描述过这一概念，而最终的实用版本，则是在他过世以后从他的笔记中总结而来的。

在实践中，使用贝叶斯概率时，首先要对事件发生的概率做出最佳猜测，接着再根据补充信息进一步完善该猜测。输入系统的信息要尽量贴合事实，但程序所处理的数据也只是当时所能获取的最佳数据，即现实世界最可能发生的情况，而非传统统计学中所假设的完美精确度。贝叶斯概率与传统概率的区别在于，我们不再关注某一分布所预测的事件发生频率，而是去挖掘我们对正在发生的事情的最佳认识。贝叶斯概率的机制描述因一些无效复杂（甚至古怪）的术语而含糊不清，譬如“先验分布”（prior distribution）与“后验分布”（posterior distribution），但事实上它的用法相当简单。

本章剩余部分将采用实验的形式，我们将使用贝叶斯统计法做个预测。事实上，我将要举例的这一问题的答案没什么秘密——我事先已经知道了答案。但知道答案与否并不重要。在这一过程中，我会用到一些方程，但各位也可以直接跳过这些步骤。我希望各位能仔细看看这些方程。数学实在是非常琐碎，但却是非常强大的技能，以后各位或许会发现它是多么有用。

我们要做的，是以有限的信息使预测成为可能。首先从我们真正掌握的基本信息开始，然后试着完善结果，直至我们能根据已知信息做出最佳猜测为止。若是我们没有掌握足够的信息来有效应用传统统计学，那么这便是最好的预测了。

世界骰子 提供信息的马克杯

我们举一个贝叶斯概率在实际应用中的例子。我养了一条狗（这是真的），那么我的狗是金毛犬的概率有多大？除非你认识我，否则你当即的反应或许是“我毫无头绪”，但我们可以稍作深究，开始进行一些合理的猜测。从美国养犬俱乐部（American Kennel Club）的注册统计来看，在2006年英国注册的宠物犬中，约6%为金毛犬。这份统计相当含糊，因为它只针对有注册（即纯种）的宠物犬，因此实际的百分比也许会低一些，但近年来，金毛犬的数量有所上涨，因此或许两者也就相互抵消了。总之，这已是我们力所能及的。

因此没有其他信息，我们便只能将推测我养金毛犬的概率为6%作为起点。这一概率虽不准确，但在没有进一步信息的情况下，这已是竭尽我们所能了。总比什么也没有好。若我们现在又额外掌握了一些信息，贝叶斯统计法允许我们将这些额外信息添加进去，看看预测结果会如何变化。在这一特定的案例中，在我打字时，我的书桌上有一只马克杯，恰巧上面印有金毛犬的图案（这也是真的）。这能让我们的概率估计更准确些吗？我们来看看这一信息如何改变局面。

此时此刻，我们得有一点创造力。我会猜测，如果你养了金毛犬，那么拥有这只杯子的概率为50%；但没有养金毛犬却有这只杯子的概率却只有1%。这即是主观之处。我并不知道真实的数字——尽管我也可以通过研究得到更好的数据。有了这些信息，我便可以通过贝叶斯公式完善最初6%的估测。若哪位朋友一见到方程便头晕眼花，可以跳过接下来这一两页的推导过程——但我建议各位继续看下去，慢慢看。这方程看上去复杂，实则没那么复杂。

贝叶斯公式如下：

$$P(\mathrm{A} \mid \mathrm{B}) = (P(\mathrm{B} \mid \mathrm{A}) \times P(\mathrm{A}))/P(\mathrm{B})$$

公式含义为，在事件B发生的情况下，事件A发生的概率等于事件A发生的情况下，事件B发生的概率乘以事件A发生的概率，再除以事件B发生的概率。这类方程中，*P*（事件）表示事件的概率；*P*（事件1/事件2）则表示在事件2发生的情况下事件1发生的概率。公式最复杂的部分也仅是如此。

接着，代入我的例子，能更加明了。我们用G表示金毛犬，M表示马克杯。于是，*P*（G）表示“养金毛犬的概率”，*P*（G | M）表示“拥有一只印有金毛犬图案的马克杯的情况下，养金毛犬的概率”。

因此，公式如下：

$$P(\mathrm{G} \mid \mathrm{M}) = (P(\mathrm{M} \mid \mathrm{G}) \times P(\mathrm{G})/P(\mathrm{M})$$

公式表示：在我拥有马克杯的情况下，我养金毛犬的概率等于养金毛犬的情况下有马克杯的概率乘以养金毛犬的概率，再除以有马克杯的概率。

现在我们代入数值。首先是公式的分子部分。我们说过，养金毛犬且有马克杯的概率为50%，即0.5。养金毛犬的概率为0.06。因此分子部分即是$P(M \mid G) \times P(G)$——0.5×0.06=0.03。

同时，我们还需要计算出方程分母中拥有马克杯的概率，由两部分组成——我既有马克杯也有金毛犬的概率，和我有马克杯但没有金毛犬的概率。算式如下：

$$P(M) = P(M \mid G) \times P(G) + P(M \mid g) \times P(g)$$

其中“g”代表“没有养金毛犬”。公式表示：在养金毛犬的情况下拥有马克杯的概率乘以养金毛犬的概率，加上在没有养金毛犬的情况下有马克杯的概率乘以没有养金毛犬的概率。

因此，$P(M) = 0.5 \times 0.06 + 0.01 \times 0.94$（由于养金毛犬的概率为0.06，因此没有养金毛犬的概率即是0.94）。

我们快速摁一下计算器，计算出结果，$P(M) = 0.0394$。

世界骰子 “跳过公式计算的朋友”从此处继续阅读

现在继续我对马克杯重要性的猜测。由此，在我有马克杯的情况下，养了金毛犬的概率便是0.03/0.039 4——约为0.76或76%。

奇迹发生了。还记得吗？最初仅凭知道我养了一条狗，预测我养的是金毛犬的概率仅为6%。现在，加上我的书桌上有一只马克杯，概率便上升到了76%。从概率上看，明显很像是我有条金毛犬了。并且我可以证明贝叶斯是对的——我的确养了一只金毛犬。

骰子世界 合理的猜测聊胜于无

不喜欢贝叶斯统计法的人此刻便会开始嘀咕着发牢骚了。是的，他们会说，你用来修正初始值的信息只是猜测而已。我们既不知道有多少人既养了金毛犬同时又拥有那样一只杯子，也不知道有多少人有那样的杯子但没有养金毛犬。正是50%和1%这两个数字各自在其中起了作用。但于我而言，这就是两个合理的数字，也是我力所能及的最佳猜测。

理想情况下，我会完善这些数值。这些数字都是我凭空所想。问问一小撮其他人对这两个数字做何猜测，倒也可以略微完善一下数据，这一办法虽然迅速，却有些草率。我们将此称作“群众的智慧”。这词听上去高深莫测，实则不然。通常，若我们已有某个数值的单次猜测（或做过一次民意调查），那么再加上一些其他人的意见，则能让猜测的质量更高。这是因为，你询问的第一个人（或做的第一份民调）很有可能并非最为接近实际情况，但多询问一些人，则可以加入一些更接近事实的意见，并且能够抹平所有的极端观点，因为某一个人的意见也许并不具有代表性。

当然，囊括入其他人的意见却反而让事情更糟的情况也常有发生。例如，我曾经就三门问题的结果询问过其他人意见。我询问的第一个人是一位概率方面的专家，他能够给出正确答案；然而我询问的其他大多数人对此都并不熟悉，并会给出错误答案。于是，“群众的智慧”便把事情搞砸了。但在大多数情况下，若我们要求其他人对信息进行猜测，答案并不会非对即错。显然，在金毛犬问题中，我并不认为有人会是相关数据的专家，因此我可以合理推测，询问群众的意见可以完善我估计的数值。

前面我们提到过，询问他人的意见通常都会伴随风险，因为选择受询人群的方式会对结果造成影响。例如，倘若你在一场政党会议上询问人们关于对立党领导人的看法，那么你所得到的回应很可能会有别于普通群众的回答。我曾决定在脸书上发起一项非正式民意调查，它显然并不能代表所有群众的意见。我调查的范围仅限于我在脸书上的好友。这些人必然会有一定的技术能力，所以能使用脸书，同时，作为我的朋友，其中大部分人居住在与我相同的地区，而且这当中具有科学背景的人的比例也高于大范围群众。但我能判断，在这一民意调查的例子中，这一人群的意见并不会引入明显偏倚。

我们稍后再来看我的民调结果，现在我们首先看看还可以如何完善整个民调过程。已有充分证据证明，在询问某组群众针对某信息的猜测时，若该组群众对此信息毫无专业研究，那么相比于直接采取他们的初次猜测，更好的方法是让他们看一看结果，然后让他们修正一下自己的初次猜测，这将得到比初次猜测更好的结果。这一过程叫做“德尔斐技术”（Delphi Technology），它似乎能在一定程度上略微完善猜测结果。我并不想劳烦问卷填写人回答两次，因此我并未使用德尔斐技术，但我有一个办法可以接近德尔斐的效果。

德尔斐技术的目的在于消除极端离群值——最高值与最低值。倘若人们最初猜测了极端值，则在看见其他人的结论时他们或许会想：“既然这里其他人的猜测都大差不差，为什么我的猜测就如此迥异呢?”因此，要想得到近似德尔斐的结果，我可以消除上下10%的值（如此一来，如果是房间里的比尔·盖茨那个例子，我便可以消除会歪曲平均值的极端值），接下来，则是计算平均值。我会不断消除所有的异常值，导向群体的普遍感受。这只是为了验证结果会有多大改变。我也可以留用原始数值，而无需采用新数值；但采用新数值后，我便可以梳理出主观思想较重的极端猜测者能对结果产生多大影响。

显然，通过某类民调来获得更广泛的观点，依然只是将猜测结合起来而已。我还可以对拥有马克杯的人做一项调查，以此来进一步地接近真相，只是调查他们拥有金毛犬马克杯与养金毛犬之间对应关系的事实，而非询问他们的看法。对上文那两个百分比，我就能够得到更接近真实值的数据，但有多接近，则有赖于我的调查样本量。但在我们列举此例的意义中，有一点要证明，在信息有限的情况下，贝叶斯统计法进行预测的能力有多么强大。它给出的概率不一定正确，但却是根据已有信息做出的最佳猜测。

那么结果如何呢？在脸书上寻求帮助后，我得到了31条回复。对这些回复求平均数，结果为：在拥有马克杯的情况下养金毛犬的概率为56%。去除上下10%的数值后，此概率仅上升到了57%。同时，我还收到了一些让我惊讶的回复。有一位（我恰巧知道他养了一只金毛犬）认为无论某人是否养了金毛犬，拥有这样的马克杯的概率相等。

更有两位极端者认为，没有养金毛犬的人反而更可能拥有这样的马克杯。他们的论据是，金毛犬非常惹人喜爱，因此许多人都因为想养金毛犬而拥有这样一只马克杯。这两位在某种程度上只看到了自己身边的人群，他们都在同一间办公室工作，很少了解办公室以外的人的想法。

骰子世界 贝叶斯先生的神谕

那么，我们依靠贝叶斯统计法能把预测做到多好呢？我们又能从上述例子中学到些什么呢？首先，拥有那只马克杯，确定我养金毛犬的概率便大大增加了，这一点毋庸置疑。将上述三条回复排除后，概率上升了至少三倍，而在许多情况下，则能增加十倍甚至以上。该结果并非决定性结果。56%、57%的概率并不足以确保事情的真相。但我只能说，这是我们根据已知信息做出的最佳猜测。

假如我一定得在结果上打个赌，仅凭56%这一数字，我也认为应该把钱压在“养了金毛犬”上。或许我有超过40%的概率会输，但这依然是我根据已知信息做出的最佳猜测。既然这是最佳选项，又有什么理由不选它呢？

要记住，这便是科学一直在做的事情。例如，我们说137亿年前，大爆炸产生了宇宙，我们也并非在陈述事实。科学并非绝对的事实。我永远无法证明宇宙是否产生于大爆炸。也可能会有证据出现，推倒这一理论。只需一个确切的反向证据，这一个理论就会被推翻。但我们只能说，这是基于现有资料提出的最佳理论。有时，这一最佳猜测或许能达到99%的确切程度。而其他时候，就如金毛犬马克杯的例子一样，或许就只有57%的确切程度。但这仍然是我们目前所拥有的最佳猜测。

暗物质也是一个最好的例证。宇宙学之谜中，其一便是："宇宙中所有的质量都来源于何处?"星系等天体结构旋转时，我们可以通过它聚集（或分离）的方式来判断其中含有多少质量。若是将星系中所有可见物质的质量全部加起来，便会发现它们的质量太小，根本不足以维持星系的聚集，基于此，宇宙学家推测，宇宙中一定存在"暗物质"——某些我们无法探测的大质量物质。

撰写此书之时，学界逐渐开始支持另一则替代暗物质的理论，名为MOND理论［取自Modified Newtonian Dynamics（修正牛顿动力学）的缩写］。这一理论诞生已有些时日，而最近的资料巩固了这一理论。MOND理论称，宇宙中不存在暗物质，但是在处理大如星系的物体时，牛顿的重力公式应稍作修改——其公式的变形也完全合理。暗物质仍然是我们目前最受支持的理论。但此时此刻，它的确切程度或许如同金毛犬的例子那样只剩下57%了。

现实世界凌乱无序，不基于纯粹的经典随机运转，也不简单地符合某一分布，事实证明，要预测这样一个世界的未来，贝叶斯统计法是我们最好的工具。若只是预测抛掷硬币或轮盘赌的结果，我们不需要贝叶斯统计法，但现实世界中绝大多数情况并非硬币和轮盘赌那般简单。在第九章中，我们了解了身高体检结果出错的概率，当时我们使用的便是贝叶斯统计法。它让我们了解到，我们所掌握的是有限的信息。贝叶斯统计法没有简单地信任这些信息，而是将事情发生错误的概率引入了计算。我们在体检的例子中知道了出错率——我们通常都需要估测出错率。此时，真正可用的"水晶球"几乎已经唾手可得。但显然，我们依然不能以此来预测任何特定情况中人类的实际行为。

有没有办法做到这一点呢？宿命论的宇宙观（牛顿和拉普拉斯的机械宇宙）意味着我们所有的行为都是天意吗？还是说，宇宙核心的随机性意味着任何事情都无法预测呢？这些考量无不关系着我们继续探索人类本质的基本问题之一——我们拥有自由意志吗？

17 自由意志?

多少世纪以来，人类都在努力谋求自由意志。想到我们生活在一个一切已成定局的机械宇宙时，则更是如此。倘若因为原子层级的连锁效应，注定一切早已是尘埃落定，那么谁又真正进行过选择呢？在牛顿和拉普拉斯的理论中，宇宙自始至终的一系列连锁事件势不可挡，从未给人留下任何抉择的空间。对于我们的生活而言，随机性的终极影响或许便是为自由意志留下一些摇摇欲坠的空间，如果我们认为这一空间有存在的必要。

统计预测最初普及时，人们担心这类预测的存在也就意味着自由意志的沦丧。比方说，统计显示每100 000伦敦人中就存在1名杀人犯，或是每1 000人中就有1人会患有某种疾病。这些数字仿佛命运之手一般朝我们笼罩而来，夺走我们的个人自由。若是有一定比例的人会命中注定地犯罪或生病，人类又怎能称得上拥有自由意志呢？

这样的担忧实则并没有太多道理。将这些数字当作迫使我们采取某种行事方式的思想，就像极了赌徒谬误——例如，如果轮盘赌已经连续出现了四次红色，那么下一次出现的多半是黑色。事实上，轮盘没有记忆，下一次旋转（若这是个公平的轮盘）出现红色和黑色的概率相等。轮盘上没有魔法力量，能够使其下一轮出现特定颜色，从而使各颜色的出现次数趋于平均。同理，其他人不是杀人犯，不代表你就更可能是杀人犯。

体育中也同样能见到赌徒谬误的反例。在篮球运动中，如果一位球员或一支球队“状态绝佳”“势头正旺”，不断取得胜利，我们便称之为

“热手”（hot hand）。心理学家托马斯·吉洛维奇（Thomas Gilovich）曾于1985年研究过这一情况。他发现91%的篮球迷都相信，若是某球员刚成功进球两三次，他/她接下来进球的概率一定高于失误过几次的人。

许多体育迷（以及许多运动员）都认为，若是某一结果连续出现，那么这一结果便更有可能再次出现。这似乎有些道理，因为如果某位球员发挥得好，我们会认为他们状态正佳；或是如果他们失误了几次，便会受到沉重的心理压力影响。然而吉洛维奇研究某球队整个赛季的实际进球表现时，他发现已经成功投篮一至三次的球员进球的概率并不高于失误过一至三次的球员。

世界骰子 我的幸运号码

赌博中，对统计学的另一类误解则是痴迷于彩票中奖次数最多的号码——误解中会有两种方式解释彩票的统计结果：（1）若是某些号码不如其他号码中奖次数多，这些即是“倒霉号码”；（2）若是某些号码比大多数号码中奖次数多，这些便是“幸运号码”。甚至有一家关注爱尔兰国彩的网站称：“为了提高您的中奖概率，我们为您整理了前几次中奖的号码统计。”那么此举有多大帮助呢？

英国国彩友善地提供了主要乐透彩票的频次表。从下图中我们可以看到，在此书撰写之时，38和44是中奖频次最高的数字，出现过241次，而20似乎是尤为倒霉的数字，只出现过171次。方差如此之大，号码球似乎并不完全随机，而如果考察频次变异的出现频率，或许有一点随机性。

但这是在诳时惑众，因为任一频次出现的次数都不足以形成规整的分布形式。我们将频次划分为八个不同的范围，将号码球分配到八个范围区间中，我们便可以开始将其视作一个较为接近正态分布的情况，如此才可以处理这些规模并不大的数据。将这些数值都在分布图上标记好后，我们会真正发现，大部分球都处于多次中奖的号码上，少数落在两边的尾巴上。过去发生的事情并非未来的指引。我们只知道，我们会期望整体分布基本符合正态分布——但38和44并不是“幸运数字”，20也不是“倒霉数字”；一个数字也并不因为到了轮次，以后就更容易中奖。即使是乐透的工作人员对此的看法也相当奇怪，他们甄选出了最“应该中奖”的号码（此书撰写之时，47已有188天未中奖了）——也就在某种意义上意味着下一次更容易抽中这些数字。

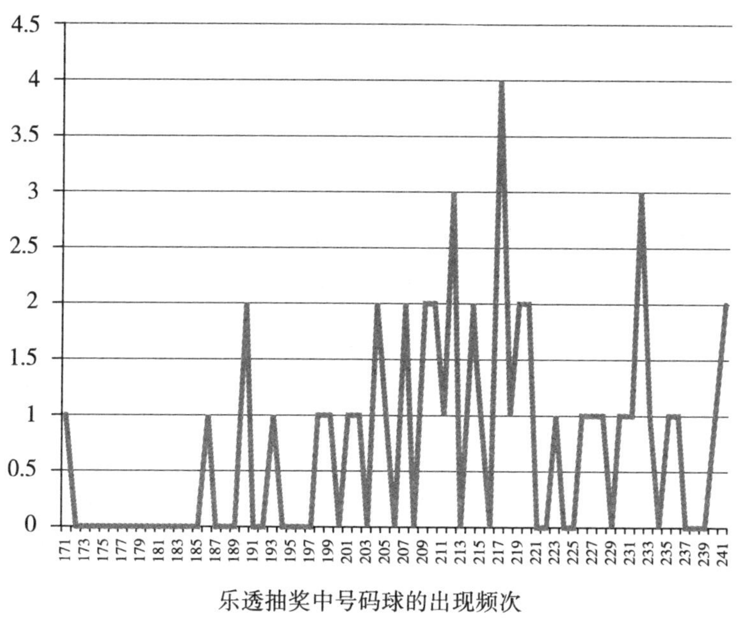

乐透抽奖中号码球的出现频次

这并不代表着统计学在提高中奖概率一事中就毫无用武之地，只是与你所想的方式或许有所不同罢了。统计学自然无法告知哪些球会在哪一次被抽中。但若是我们足够幸运得到了正确的号码，统计学便可以帮助我们最大限度地赢得奖金。大多数彩票都有一个奖金池，由所有有中奖号码的人分配其中的奖金。同一号码赢奖的人越多，每人得到的奖金便越少。

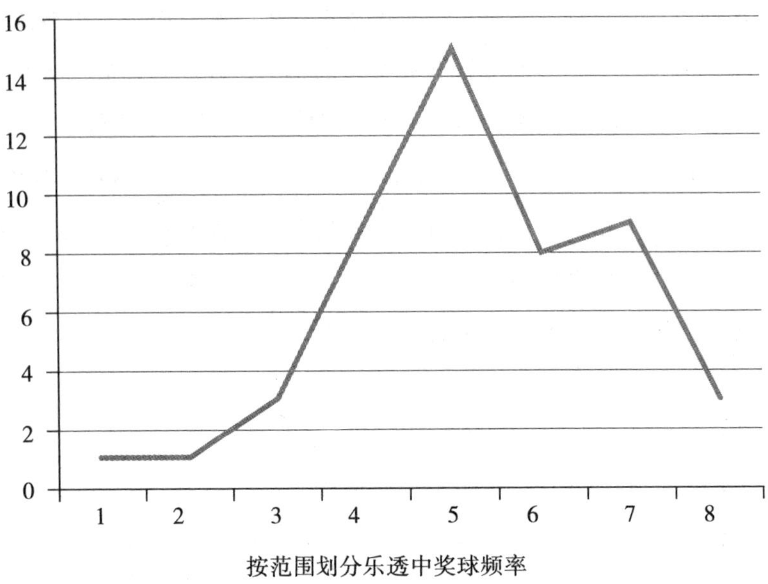

按范围划分乐透中奖球频率

要想最大限度地赢得奖金，便要确保自己选择的号码不太可能被其他人抽中，因此便要避免自己的所有号码都小于32。这是因为许多人都将生日或纪念日作为号码选项，假设他们没有将年份也包括进去（大多数彩票的号码都不太可能存在年份数字），那么他们只能选择1至31。同样，最好也避免38和44，以防有人以“幸运数字”选到它们。尽管出人意料，也似乎不太可能，但数列1 2 3 4 5 6也相当受欢迎。因此，尽可能选择无规律的数字，至少有一个数大于31，便可提高从奖池中赢得更大份额奖金的概率。

我们回到伦敦杀人犯的统计数据，假设这一数据真实（它并不是真实数据，而是我编造的数字）。那么，100 000伦敦人中便有1人是杀人犯。我们去外面随机选择100 000人，你也包括在内——若你不在伦敦生活，我们便先把你传送过来。我们一个一个房间地查，用某种魔法来确定每个人是否是杀人犯。调查发现，其他99 999人都不是杀人犯，这会对你产生什么影响吗？若是每100 000人中就有1个杀人犯，并且其他99 999人都不是，那么你就是吗？当然不是。

统计数据不会对任何个人产生影响。这是条“单行道”——统计数据来源于个人，但统计数据却不会改变个人。(至少不是以我们此处所认为的方式。当然，阅览统计数据会影响人的行为方式。)并非统计数据夺走了自由意志，而是集体的自由意志形成了统计数据。

就此而言，我们需要谨记时间流逝的方向。精准的统计数据总是回顾过去，告诉我们曾经发生过何事。一旦我们以统计数据预测未来，我们必须假设数据有恰当的分布形式，并且事件之间毫无关联。许多情况下，如用统计数据预测几十亿气体分子的行为时，这都是非常合理的假设。但我们若是预测一群人的行为，混沌便非常容易混入其中。

有趣或许也令人担忧的是，我们经常会看到一种统计带来宿命论的情况——法庭上，某人被判有罪时，法官却认为其情有可原而减轻量刑。他的论据很可能是“与被告身份背景相同的人，40%都会犯下此罪，这一比例远高于没有该身份背景的人群”。于是便从统计数据直接跳到因果推论：身份背景是使得这人犯罪的缘由。但这就像是在轮盘赌中，认为一连串红色数字之后一定会出现黑色数字一样。在没有特定证据的情况下，却在特定个案上进行因果联系，就是在滥用统计数据。

但面对统计数据的“霸道铁腕”，我们也并非完全束手无策。1994年，瑞典自有记录以来第一次全年没有8岁女孩死亡。我能肯定也有其他类似的案例，不过这恰巧是我所遇见的一例。根据统计学证据，那一年应有8岁女孩丧生，但事实上却没有。这一结果或许是两个原因的共同作用，其一是因为医疗水平稳步提升，其二则是一年的时间太短了，并不足以获得较好的预测。我们会认为统计预测在某种程度上限制了将要发生的事情，但我们总有办法避免这种想法。其实，统计预测并不会限制，完全不会。

就自由意志这一概念而言，更危险的观念是将大脑看作一台机械设备、一台肉体机器。我们知道，在我们做决定时，会受到各种各样的因素影响，有遗传因素，也有伤病因素，均不受我们控制。大脑肿瘤或是大脑损伤都会对我们的行为产生巨大影响，有时甚至会导致暴力或其他犯罪行为。随着年龄增长，如阿尔兹海默症等疾病可能会让大脑不再认识亲人，同时也夺走他们的自由意志。

世界骰子 我别无选择

或许你会认为，担忧自由意志只是哲学家的功课，因为只有他们才有如此大把的时间。然而，这绝不仅仅只是一次畅游在抽象思维中的机会。自由意志的存在，是我们当今司法体系运转的核心信条。我们假设，几乎所有案件中，个体的行为都出于自由意志所赋予的选择。偶尔，在考虑到他们因“精神平衡受损”而犯罪时，我们也会减轻他们的罪责，但通常我们都认为人应当为自己的行为承担责任。

完全去除自由意志，便必然会有人辩驳：因为罪犯别无选择，所以我们不应以其所作所为惩罚他们。你或许仍然会将他们监禁起来，以降低他们再次犯罪的概率，但惩罚与威慑便成了毫无意义的概念。法律体系的底层概念认为，受指控的犯人是理智的行为人，根据自我意识做出决定，因此一旦犯错，便该受罚。

这一体系中，极为消极的一面便在于现代人热衷于归咎责任。中世纪时期，除非考虑到魔法的作用，否则若有任何差池，人们便认为这是上帝的惩罚，继而又心安理得地生活下去。现在出现任何重要差错时，我们通常认为是因为个人与体系皆出现了故障。我们希望某人承担责任，我们无法接受意外。当然，有些意外可以避免，有时意外未被避免是源于疏忽大意。但绝大多数意外并不属于此类。我们不应该总是寻找一个有意识的行为人来承担责任。

我们只需看看一些个人生活中的实例，便能明白行为的自由选择其实有限。每个人偶尔都会做一些无意识的举动，通常都并非有意惹是生非，但对于一些人而言，这样的情况很常见。例如，某人患上了图雷特综合征（Tourette’s syndrome），那么他便会在毫无意识的情况下做出某些举动，或是说一些话。对我们其他人而言，或许很难理解这样的情况。但这不仅真实存在，而且我们所有人都经历过更为夸张的意识与行为分割。

早在20世纪60年代，美国科学家本杰明·李贝特（Benjamin Libet）便发现，我们有意识地决定做一些基本动作（如动手指）的方式有些不同寻常之处。报告中，受试者在动作发生前大约四分之一秒，便已经意识到了动作意图。使用脑电图扫描仪监测大脑活动，李贝特发现，大脑在受试者意识到动作意图的足足一秒之前便已经产生了活动。大脑中无意识的部分开始活动，随后我们才意识到动作意图。

一些人认为，在该实验中，报告动作意图的时间点依赖于受试者自己的主观感受，因而该实验方法存在问题。这一点难以避免，但的确是实验中潜在的缺陷。也有人认为，实验所测量的看似是做决定的前兆，实质上只是自发的大脑活动。但倘若李贝特的理论正确，其含义便相当简单：我们有意识的决策过程更多是事后的合理化解释，而非真正的自由意志行为。

可以论证的是（如李贝特所做的实验），在身体行动发生前的四分之一秒内，我们仍然有时间否决动作。最近的研究表明，事实的确如此。通过测试受试者大脑发现，无论受试者当时是否执行了某动作，他们的大脑都表现出了准备行动的信号。但这依然是个令人不安的概念。

若是真的在其空闲时间里测试一下那些否认自由意志存在的哲学家，看看他们对自身有什么信任，会是件有趣的事。我怀疑，他们自以为是地空谈一整天后，回到家里，明确知道自己决定要喝一杯霞多丽葡萄酒而不想喝干红葡萄酒，或是选择听某一段音乐，他们知道自己正在行使自由意志。但我不确定他们是否会承认。

骰子世界 突破预言

在宿命论的生活中，一切都是命运的安排，我们不过是在顺应天命而已；宇宙随机的本质不会神奇地让自由意志复原，但或许的确能纠正我们宿命论的观点。混沌随机依然具有确定性，却使结果变得无法预测，使艾萨克·阿西莫夫（Isaac Asimov）的《基地》（*Foundation*）系列丛书背后诱人的想法从根子上幻灭。

《基地》原著于20世纪50年代，故事中，阿西莫夫想象未来会有一种非常先进精妙的数学，能用于预言未来。故事设定于银河帝国，这一数学叫做心理史学（psychohistory），运用了帝国里极其复杂的数学模型。只要小心得当地使用这一数学工具，基地便可对帝国无法避免的衰落有所准备，并为其崛起制定计划。

书中，为基地出谋划策的智者哈里·谢顿（Hari Seldon）时不时以投影的形象出现，对当下正在发生的事情做出难以解释的预言。但最终，事情依然出了差错。谢顿给出的预言越来越偏离现实，原因是一个名叫"骡"（Mule）的男人崛起，他是一个突变种，因此在某种程度上处于数学的预言能力范围之外。

虽然《基地》及其续作诞生于混沌理论之前，但或许我们早就应该发现人类的行为无法预测，遑论整个银河帝国。其中涉及的系统太过复杂，我们一次又一次发现，初始条件的一些小小的变化便可造成随后一系列天翻地覆的不同。阿西莫夫认为，正如统计学的运作原理让我们忽略单个原子的行为，以了解整个气体行为的概略印象，因此统计心理学——心理史学——也能预言人类整体的行为。但《基地》的整个基础都错了。

人类存在于世上带来了混沌随机，这种随机或许不能使自由意志复原，但它却意味着我们完全无法确定诸多行为所导致的结果，因此我们才不会感到自己的存在像是永远沿着电车轨道行进那样可以预测，而不是自生至死按部就班。

其实，量子粒子层级存在真正的随机性。我们所知的一切都建立在量子粒子之上，一切物质，一切力，所有的一切。而每一个量子粒子，都与决定薛定谔的猫生死的衰变原子一样，随机又怪异。因此，在本质层面不存在宿命论。但这同样没有使我们拥有自由意志。我们依然无法控制随机行为发生的方式。但至少这意味着，即使在绝对层面上，也不存在“电车轨道”。“天要下雨，娘要嫁人”，但这并非遵循天命。它所预测的或许是混乱无序的状况，而非理智思考后的行动——但我们并非活在剧本中。我们或许是提线木偶，却没有人在操纵着我们的线。

那么，对于我们的法律系统而言，这又意味着什么呢？如果你认可自由意志是一个值得怀疑的概念，那么它便需要彻底修正。自由意志并不意味着罪犯，因为别无选择便可既往不咎。我们依然需要防止犯罪，但关注点却不应再是咎责，因为咎责假设了大部分犯罪都拥有个人的自由意志。以安德斯·贝林·布雷维克（Anders Behring Breivik）大屠杀案为例，布雷维克于2011年在挪威杀死69人。当时人们都在讨论，是否真的有人能在神志清醒的情况下做出布雷维克这样的事，而布雷维克被宣称为神志清醒的状态。

很难说这是布雷维克的理智决定，这不是一个神志清醒的人以理智的自由意志做出的行为。但这也不能简单地被定义为某种疾病的症状而无视他的行为。这只能看作是布雷维克大脑本质上的问题，而无法被视为他别无选择的结果。但同时，社会需要采取行动保护自己。可以说，监禁是唯一真正有意义的刑罚，将罪犯关押起来，一旦其重新犯罪的风险降回预定水平后即释放。这不是以情感为导向的方法（计算这一风险也着实不易），但无可辩驳，我们每个人都受到大脑的化学和物理性质的影响，因此这比尝试判断一个人是否在行使自由意志更为合理。

骰子世界 随机之神

哲学家们除了考虑随机性对我们的自由意志的影响外，还会时常探索随机性对神灵存在的影响。如我们所知，拉普拉斯认为，他的宿命论宇宙无需神灵。一旦万事万物开始运转，理所当然地便不再需要任何人维持了。然而事实上，拉普拉斯并不能解释宇宙最初是如何形成的。他并没有真正消除创世主存在的需求，只是排除了干扰万物运转的神灵。

然而，许多人都对如此描述的宇宙颇为不满，因为他们想要一位能与自己产生联系的神。在拉普拉斯的机械宇宙里，并不需要这样一只外来之手——但同样的，我们无法阻止神灵像我们伸手拨弄时钟指针那般，插手控制这方机械宇宙。

就随机性本身而言，我们看到了爱因斯坦如何抱怨说上帝不玩骰子。在某种意义上，爱因斯坦这句话令人困惑，因为我们找不到证据证明爱因斯坦曾有宗教信仰。似乎他使用“上帝”一词所表达的更多是“宇宙运转的规律”。然而，相信上帝的人则希望他们的造物主能公平一些。他们遇到不公时便不开心，却丝毫不在意宇宙的本质是否建立在量子层级的混沌与随机本质之上。

你若有宗教信仰，最好的办法或许便是退让一步，认可机制与结果完全可以分离。就像电脑、汽车等我们每天使用的物品——甚至是人——都由量子粒子组成，这些粒子行为随机而怪异，但在宏观层面却又以稳定、规律的方式运作。因此我们可以设想一个东西，既具有随机和混沌的要素，但在宏观层面又遵循造物主的规划。

我并不是在说我们可以推断世界上存在造物主。如果你愿意，你可以（并且有人已经）使用贝叶斯统计法，尝试查明上帝是否存在，但这是徒劳之举，因为我们完全无法获取概率数据，哪怕仅仅是近似的数据，用来填入方程。我的意思是，你可以碰碰运气。宇宙的随机基础和混沌的影响既未阻止也未鼓励对上帝的信仰。

如果我们回头看看，这个世界是如何在放纵不羁的随机中形成，而又显得稳定，有时还可预测，我就会想，最好的答案便是惊叹于这个奇迹。我们对这个骰子世界发掘越多，就越是对它心醉神迷。于我而言，这便是科学最大的乐趣所在。倘若物理学只是牛顿定律什么的，它的确能完成任务，为我们带来优秀的工程学，但它会变得像许多人记忆中学校的科学课那样无聊。可是科学并不无聊。真正的科学是如此动人心魄，不可思议，引人入胜，这都要归功于我们所生活的骰子世界。

那么自由意志呢?或许我们能做的最佳决定便是——在理论上它并不存在，但它存在的感觉真实得难以置信，我们不妨姑且认为它存在。可以说，自由意志如同一把椅子的存在一样，稳妥，可靠。理论上，椅子由一团行为随机、怪异的量子粒子组成，甚至在同一时刻可以处于不同位置。但事实上，我们可以坐在这把椅子上，而不会摔在地上。

这就是我对自由意志的印象。但它是否真实存在，最终取决于你自己。

是不是这样呢?

不远未来的某一天，我们将对支撑日常生活及工作的量子计算熟视无睹。它将把人类从繁琐、复杂以及高重复性工作中逐步解放出来，使我们得以把更多注意力投射到想象和构思之上。药物设计、航空航天、人工智能、星际旅行等工作场景都将极大地受益于量子计算的发展与应用。

在《量子计算》这本书中，布莱恩·克莱格将带领我们回溯计算与程序的历史，并解释量子计算背后的物理原理和技术，加深我们对量子计算的认识。

布莱恩·克莱格，英国理论物理学家，科普作家。克莱格曾在牛津大学研习物理，一生致力于将宇宙中最奇特领域的研究介绍给大众读者。他是英国大众科学网站的编辑和英国皇家艺术学会会员。出版科普书有《量子时代》《量子纠缠》《科学大浩劫》《超感官》《十大物理学家》《麦克斯韦妖》《人类极简史》等。

他和妻子及两个孩子现居英格兰的威尔特郡。